21 世纪高等学校计算机系列规划教材

Office 办公软件应用教程

宋绍云　师　洪　刘海艳　编著

清华大学出版社
北　京

内 容 简 介

本书作者在总结多年教学和工作经验的基础上,专门将 Office 应用中的使用技巧编著成这本通俗易懂的教材。书中主要介绍 Office 中 Word、Excel、PowerPoint、Internet 的使用技巧,并针对在实际工作中经常使用但一般教材又没有介绍的应用技术给出了实例。本书还包含两个实用的附录,一个是计算机常见故障及处理方法,一个是 Internet 使用技巧。

本书条理清楚,实用性强,适合作为大专院校的教材,也可以供广大普通用户参考。

图书在版编目(CIP)数据

Office 办公软件应用教程/宋绍云,师洪,刘海艳编著. —北京:清华大学出版社,2010.7
(21 世纪高等学校计算机系列规划教材)
ISBN 978-7-302-22678-9

Ⅰ. ①O…　Ⅱ. ①宋…②师…③刘…　Ⅲ. ①办公室—自动化—应用软件,Office—高等学校—教材　Ⅳ. ①TP317.1

中国版本图书馆 CIP 数据核字(2010)第 082459 号

责任编辑:付弘宇　李玮琪
责任校对:时翠兰
责任印制:杨　艳

出版发行:清华大学出版社　　　　　　　　　地　　　址:北京清华大学学研大厦 A 座
　　　　　http://www.tup.com.cn　　　　　邮　　　编:100084
　　　　　社　总　机:010-62770175　　　邮　　　购:010-62786544
　　　　　投稿与读者服务:010-62795954,jsjjc@tup.tsinghua.edu.cn
　　　　　质　量　反　馈:010-62772015,zhiliang@tup.tsinghua.edu.cn
印　装　者:北京市清华园胶印厂
经　　　销:全国新华书店
开　　　本:185×260　印　张:13.75　字　数:288 千字
版　　　次:2010 年 7 月第 1 版　　　印　　　次:2010 年 7 月第 1 次印刷
印　　　数:1～4000
定　　　价:24.00 元

产品编号:037596-01

随着我国改革开放的进一步深化,高等教育也得到了快速发展,各地高校紧密结合地方经济建设发展需要,科学运用市场调节机制,加大了使用信息科学等现代科学技术提升、改造传统学科专业的投入力度,通过教育改革合理调整和配置了教育资源,优化了传统学科专业,积极为地方经济建设输送人才,为我国经济社会的快速、健康和可持续发展以及高等教育自身的改革发展做出了巨大贡献。但是,高等教育质量还需要进一步提高以适应经济社会发展的需要,不少高校的专业设置和结构不尽合理,教师队伍整体素质亟待提高,人才培养模式、教学内容和方法需要进一步转变,学生的实践能力和创新精神亟待加强。

教育部一直十分重视高等教育质量工作。2007 年 1 月,教育部下发了《关于实施高等学校本科教学质量与教学改革工程的意见》,计划实施"高等学校本科教学质量与教学改革工程(简称'质量工程')",通过专业结构调整、课程教材建设、实践教学改革、教学团队建设等多项内容,进一步深化高等学校教学改革,提高人才培养的能力和水平,更好地满足经济社会发展对高素质人才的需要。在贯彻和落实教育部"质量工程"的过程中,各地高校发挥师资力量强、办学经验丰富、教学资源充裕等优势,对其特色专业及特色课程(群)加以规划、整理和总结,更新教学内容、改革课程体系,建设了一大批内容新、体系新、方法新、手段新的特色课程。在此基础上,经教育部相关教学指导委员会专家的指导和建议,清华大学出版社在多个领域精选各高校的特色课程,分别规划出版系列教材,以配合"质量工程"的实施,满足各高校教学质量和教学改革的需要。

本系列教材立足于计算机公共课程领域,以公共基础课为主、专业基础课为辅,横向满足高校多层次教学的需要。在规划过程中体现了如下一些基本原则和特点。

(1) 面向多层次、多学科专业,强调计算机在各专业中的应用。教材内容坚持基本理论适度,反映各层次对基本理论和原理的需求,同时加强实践和应用环节。

(2) 反映教学需要,促进教学发展。教材要适应多样化的教学需要,正确把握教学内容和课程体系的改革方向,在选择教材内容和编写体系时注意体现素质教育、创新能力与实践能力的培养,为学生的知识、能力、素质协调发展创造条件。

(3) 实施精品战略,突出重点,保证质量。规划教材把重点放在公共基础课和专业基础课的教材建设上;特别注意选择并安排一部分原来基础比较好的优秀教材或讲义修订再版,逐步形成精品教材;提倡并鼓励编写体现教学质量和教学改革成果的教材。

（4）主张一纲多本，合理配套。基础课和专业基础课教材配套，同一门课程可以有针对不同层次、面向不同专业的多本具有各自内容特点的教材。处理好教材统一性与多样化，基本教材与辅助教材、教学参考书，文字教材与软件教材的关系，实现教材系列资源配套。

（5）依靠专家，择优选用。在制定教材规划时依靠各课程专家在调查研究本课程教材建设现状的基础上提出规划选题。在落实主编人选时，要引入竞争机制，通过申报、评审确定主题。书稿完成后要认真实行审稿程序，确保出书质量。

繁荣教材出版事业，提高教材质量的关键是教师。建立一支高水平教材编写梯队才能保证教材的编写质量和建设力度，希望有志于教材建设的教师能够加入到我们的编写队伍中来。

21世纪高等学校计算机系列规划教材

联系人：魏江江 weijj@tup. tsinghua. edu. cn

Office 是目前最流行的办公应用工具，Office 办公软件应用教程（Application Course Of Office Software，ACOS），是 Office 套件（Word、Excel、PowerPoint）及 Internet 的应用技术教程。本书以 Office 套件为背景，介绍办公软件的应用技巧及实用技术。

本书从实际应用方面介绍了 Windows 应用技巧、Word 应用技巧、Excel 应用技巧、PowerPoint 应用技巧和 Internet 应用技巧。作为面向 21 世纪高等院校计算机应用软件技术的教材之一，本书体现了培养高校学生以计算机软件应用技术能力为目标的改革方向。本课程建议授课学时为 30 小时，实验学时为 30 小时，并要求先修计算机应用基础课程或计算机文化基础课程。

在综合应用方面，教材注重实用性，从实用的角度介绍了 Word 与 Excel、Word 与 PowerPoint、Excel 与 PowerPoint 的综合应用技术。针对 Office 中的 Word、Excel、PowerPoint 及 Internet 实际应用中遇到的问题，读者可以通过快速查找相关目录，获得详细的操作步骤，从而使问题得到解决，可以大大加快电子办公的速度，较大地提高工作效率。

本书中所介绍的实例都是在 Office 2000 以上版本的环境下调试、运行通过的，具有可操作性。针对每个问题给出详细、完整的操作步骤，在实际办公应用过程中通过这些应用技巧，可以帮助读者快速地完成任务。

本书适合在校的大中专学生、计算机办公人员、各类计算机应用基础培训使用，也可以作为科技工作者的参考资料。

本书由云南省玉溪师范学院信息技术工程学院的宋绍云、师洪、刘海艳合作编著。宋绍云负责全书基本章节、第 2 章及附录 B 的编写，并负责全书的校正；师洪负责第 1 章及第 3 章的编写；刘海艳负责第 4 章及第 1 章部分内容的编写。本书的顺利出版要感谢玉溪师范学院信息技术工程学院的领导和各位老师给予的大力支持和帮助。

由于时间仓促，书中难免存在不妥之处，欢迎专家和读者提出宝贵意见。

本书的配套课件请从清华大学出版社网站 www. tup. tsinghua. edu. cn 下载，本书和课件的使用中如有问题，请联系 fuhy@tup. tsinghua. edu. cn。

编　者

2010 年 3 月

第 1 章

Windows使用技巧

1.1 使用技巧

1. 清除最近使用过的文档列表

在 Windows XP 中,右击"开始"按钮,选择"属性"菜单,在弹出的"设置任务栏和开始菜单属性"对话窗中单击"自定义"按钮,在"自定义「开始」菜单"对话框的"高级"标签下单击"清除列表"按钮即可清除最近使用过的文档列表。若要让系统不要自动记住使用文档的记录,请取消对"列出我最近打开的文档"复选框的选择,如图 1-1 所示。

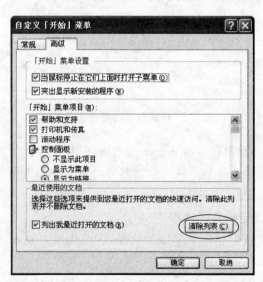

图 1-1 清除最近使用过的文档列表

提示:XP 会把最近访问问文档的快捷方式放在 C:\Documents and Settings\用户名\Recent 目录中,手工删除它们也能让最近使用文档列表清空。

2. 删除临时文件夹中的内容

执行安装软件、打开文档等操作时，通常会在临时文件夹中留下一些临时文件，可以手工清除在下列目录位置中的内容：C:\Windows\Temp；C:\Documents And Settings\用户名\Local Settings\Temp。如在删除时提示有文件在使用，就需要关掉相关程序，最好重启一次系统再删除。

3. 清除"运行"对话框的历史记录

清除"运行"对话框中的输入列表内容，可修改注册表。这些列表内容记录被保存在"HKEY_CURRENT_USER\Software\Microsoft\Windows\CurrentVersion\Explorer\RunMRU"分支下，将其完全删除后重启系统即可。

4. 屏蔽指定的磁盘驱动器

如果不希望用户察看某个磁盘驱动器，可以在"我的电脑"和"资源管理器"中将该驱动器的图标隐藏起来。

（1）在注册表的［HKEY_CURRENT_USER\Software\Microsoft\Windows\Current Version\Policies\Explorer］下新建一个双字节（DWORD）值项 NoDrives。

（2）该值项从最低位（第 0 位）到第 25 位，共 26 位，分别代表驱动器 A 到驱动器 Z。如果第 0 位为 1，表示不显示驱动器 A 的图标，第 3 位为 1，表示不显示驱动器 D 的图标，依此类推。例如在"我的电脑"中不显示任何驱动器的图标，可以修改 NoDrives 的值为"03FFFFFF"，即对应的二进制数第 0 位到 31 位全部为 1，如图 1-2 所示。

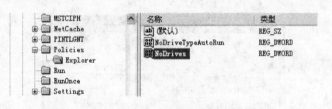

图 1-2　屏蔽指定的磁盘驱动器

修改设置后，这些驱动器的图标不会出现显示，但是用户仍然可以访问这些驱动器。例如可以在资源管理器的地址栏中输入驱动器号，或者在"命令窗口"中使用命令来察看隐藏了的驱动器。

5. 禁止打开查看指定磁盘驱动器

如果某个磁盘驱动器中存放了重要的数据，不希望用户查看该驱动器的内容，则可以通过注册表设置来禁止查看该驱动器。

（1）在注册表［HKEY_CURRENT_USER\Software\Microsoft\Windows\Current Version\Policies\Explorer］的位置新建一个双字节（DWORD）值项 NoViewOnDrive。

（2）该值项从最低位（第 0 位）到第 25 位，共 26 位，分别代表驱动器 A 到驱动器 Z。如果想禁止用户使用软盘驱动器 A 和 B，以及驱动器 D，可以修改 NoViewOnDrive 的值为"0000000B"即第 0、1、3 位的值为 1，如图 1-3 所示。

图 1-3　禁止打开查看指定磁盘驱动器

需要注意的是更改生效后,被禁止的驱动器图标并没有被删除,仍然出现在"我的电脑"和"资源管理器"中,而且应用程序仍然可以访问这些被禁止查看的驱动器,但进入到"我的电脑",双击 D 盘,系统会弹出一个消息框,告诉用户不能进行此操作。

6. 将最常用的程序快捷方式放在开始菜单顶部

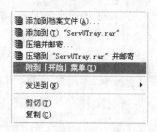

如果自己要经常使用某个程序,那么你可以将其放置到开始菜单列表顶部。这种方式能够确保该程序快捷方式始终保持在开始菜单中的顶部。操作如下:选择"开始"→"所有程序"命令,从中选择用户所喜爱的程序,右击并在弹出的快捷菜单中选择"附到「开始」菜单"命令(如图 1-4 所示)。这样该程序快捷方式将被永久地附加到开始菜单列表顶部。

图 1-4　附到开始菜单顶部

7. Windows 徽标键相关的快捷操作

在标准计算机键盘最下面的 Windows 徽标键是 Windows 系统下一个非常有用的功能键,用它与其他按键组合可以进行一些常见功能的快捷操作,以下是一些与之相关的常见快捷键。

Windows 徽标键:弹出开始菜单

Windows 徽标键+E:打开资源管理器

Windows 徽标键+D:将所有窗体最小化或还原

Windows 徽标键+R:打开"运行"对话框

Windows 徽标键+F:打开文件搜索引擎

Windows 徽标键+Ctrl+F:打开计算机搜索引擎

Windows 徽标键+Break:显示系统属性对话框

Windows 徽标键+L:锁定工作站

Windows 徽标键+U:打开辅助工具管理器

Windows 徽标键+F1:启动帮助和支持中心

8. Windows XP 登录屏幕显示 Administrator 账户

Windows XP 的登录欢迎屏幕,默认情况下只会显示除 Administrator 外的所有本地用户名。如果想在欢迎屏幕显示 Administrator 账户,可以打开注册表编辑器,找到[HKEY_LOCAL_MACHINE\SOFTWARE\Microsoft\Windows NT\CurrentVersion\Winlogon\SpecialAccounts\UserList]项位置,在右侧窗口中找到以 Administrator 命名的 DWORD 类型的键(若没有可以自己新建),将键值由 0 修改为 1。退出后重新启动计算机,administrator 账户就可以在欢迎屏幕上显示了。

同理,如果想隐藏某个用户,可以在上面提到的位置新建一个以想隐藏的用户名为名称的键,然后把值设置成 0,重启机器,这个用户就从欢迎屏幕上隐藏起来了。

不过,如果想临时使用被隐藏的用户账号登录,也不需要修改注册表,只要在欢迎屏幕上连续按 Ctrl＋Alt＋Del 组合键两次,欢迎屏幕就关闭了,取而代之的是传统的 Windows 登录窗口,然后直接输入正确的用户名和密码就可以登录系统。

9. 改变 Windows XP 默认的文件夹显示方式

Windows XP 资源管理器下默认的并排大图标显示方式让不少老电脑用户感觉很不习惯,而且还比较浪费屏幕空间,可以按照如下方法修改文件夹的默认显示方式。

(1)打开一个文件夹,修改设置该文件夹的显示方式为自己所喜欢的,如"详细资料"显示方式。

(2)选择"工具"→"文件夹选项"命令,在系统弹出的"文件夹选项"对话框中选择"查看"选项卡,单击"应用到所有文件夹"按钮,在之后弹出的确认框中单击"是"按钮,系统会将当前文件夹的显示视图格式应用到其他的所有文件夹,如图 1-5 所示。

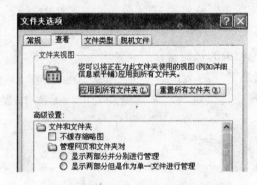

图 1-5 应用当前显示方式到所有文件夹

10. 关闭可移动设备的"自动播放"功能

在 Windows XP 使用过程中,在默认情况下,一旦将可移动磁盘接入电脑,Windows XP 的自动播放功能就会读取驱动器,完成后同时显示一个对话框,要求用户选择是否打开其中的视频、音频、图片文件。这项自动功能可能会使用户觉得很烦琐,如果想关闭的话,可以使用组策略来设置一次性全部关闭 Windows XP 的自动播放功能。

(1)在"运行"对话框中输入 gpedit.msc,并运行命令,打开"组策略"窗口。

(2)在左边的"本地计算机策略"窗格中,选择"计算机配置"→"管理模板"→"系统"命令,然后在右窗格的设置中,找到"关闭自动播放"选项,双击打开。

(3)在打开的对话框中选择"设置"选项卡,选中"已启用"复选按钮,然后在"关闭自动播放"列表框中选择"所有驱动器"选项,单击"确定"按钮,如图 1-6 所示。

在"用户配置"中同样也可以定制这个"关闭自动播放"。但"计算机配置"中的设置比"用户配置"中的设置级别更高,可以使系统的多个用户都使用这个计算机配置。

图 1-6 关闭自动播放

11. 对 CapsLock 按键设置响铃提醒

在进行文字输入时,不小心按了 CapsLock 按键字母会变为大写状态,若给此键加个"响铃"提醒,则用户就会立刻意识到按下了该按键。方法如下:选择控制面板中的"辅助功能选项"图标,在"键盘"选项卡中,选中"使用切换键"复选框应用即可,如图 1-7 所示。

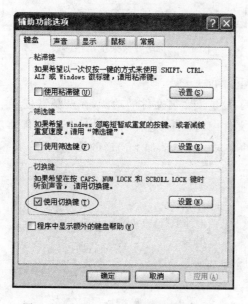

图 1-7 对 CapsLock 按键设置响铃提醒

12. Windows XP 自动登录设置

在默认情况下,新安装后的 Windows XP 系统在登录时都要求选择用户账户来登录系统,但对于个人用户来说,每次都要选择账户并输入密码实在太麻烦,虽然很多用户可以通过设置用户密码为空来实现自动登录,但是这样又不安全,可以通过设置来实现以某个用户角色进行系统自动登录。

(1) 打开"运行"对话框,输入 Rundll32 netplwiz. dll, UsersRunDll 或 control userpasswords2 命令。

(2) 在运行后弹出的"用户账户"对话框中,首先选择要默认登录的用户,然后再取消选择"要使用本机,用户必须输入用户名和密码"的选项,单击"确定"按钮,在弹出的对话框中输入每次自动登录的用户密码即可,如图 1-8 所示。

图 1-8　自动登录系统用户的设置

13. 批量文件自动重命名

Windows XP 提供了批量重命名文件的功能,在资源管理器中选择几个文件,接着按 F2 键,然后重命名这些文件中的一个,这样所有被选择的文件将会被重命名为新的文件名,并会在重命名的文件名末尾处自动加上递增的数字,如图 1-9 所示。

名称 ▲	大小	类型
TEMP		文件夹
TTPlayer		文件夹
www.txt	0 KB	文本文档
sdfsdffg sdf(1).wav	1 KB	波形声音
dsffg (2).doc	11 KB	Microsoft Word 文档
3333fg (3).txt	0 KB	文本文档
rtr3(4).txt	0 KB	文本文档
文档 (5).xls	16 KB	Microsoft Excel ...
shifg (6).zip	1 KB	WinRAR ZIP 档案文件

图 1-9　批量文件自动重命名

14. Print Screen 按键的截图操作

(1) 按 Print Screen 键,将会截取整个屏幕画面。可以打开"画图"程序,选择该窗口中的"编辑"→"粘贴"命令,这时可能会弹出一个"剪贴板中的图像比位图大,是否扩大位图?"的对话框,单击"是"按钮,就会将该截取的图片粘贴到其中。

(2) 抓取当前活动窗口:在使用 Print Screen 进行屏幕抓图时,同时按下 Alt 键,就会只抓取当前活动窗口。

15. 新建右键菜单的"发送到"位置

在 Windows XP 的资源管理中进行文件操作时,经常要把文件复制到某个特定的文件夹,来回切换文件夹的位置进行复制和粘贴操作显得很烦琐。实际可以新建右键菜单的"发送到"文件夹位置,来进行快速的发送复制操作。选中一个文件夹如 TEMP,单击鼠标右键创建一个快捷方式,然后复制这个快捷方式到 C:\Documents and Settings\用户名\SendTo 这个系统文件夹中(如图 1-10 所示)。之后在任意一个文件上单击右键就会看到"发送到"菜单下有刚复制过去的快捷方式,选择该快捷方式"快捷方式到TEMP",对应的文件就被复制到了 TEMP 文件夹中。

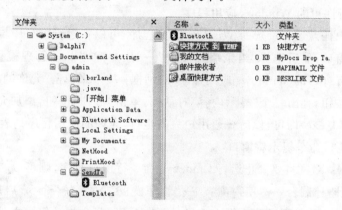

图 1-10 复制目录快捷方式到 SendTo 目录中

16. 复制粘贴文字变乱码解决

在 Windows 2000 和 Windows XP 系统中,经常会在执行"复制"、"粘贴"操作时,粘贴到文本文件里的文字都是乱码,这实际是系统设置问题。解决该问题的方法有如下几种。

(1) 在复制文字前打开任意一种中文输入法,再执行"复制"→"粘贴"操作,这样就不会出现乱码问题了。

(2) 不使用操作系统自带的"文本编辑器",如记事本,而是安装专门的 EmEditor 或 UltraEdit 文本编辑器,在里面选择"按 ANSI 方式粘贴"功能也可以。

(3) 最好解决方法是在系统中把默认文字输入法设为中文状态下的英文输入法。如在"文字服务和输入语言"设置对话框中,通常会有英语和简体中文两种语言,英语下面有"英语(美国)"一类的项目,中文下面则有"简体中文输入法(美国)"、"微软拼音输入法"一类的项目。实际上,这个"简体中文输入法(美国)"就是在中文状态下输入英文的,但是它与英语下面的"英语(美国)"又不同,后者是在英文状态下输入英文。只要把这个

"简体中文输入法(美国)"设为默认输入法,以后右下角输入法上面总是显示 Ch,而不是 En,就不会出现粘贴乱码的情况了。如果电脑中找不到这一项,说明没有安装,可通过系统安装盘进行安装。

17. 去掉快捷方式的箭头

打开注册表编辑器,找到[HKEY_CLASSES_ROOT\Lnkfile] 项,在右侧窗格中删除 IsShortcut 字符串值,这样快捷方式下面的小箭头就不会再出现了,如图 1-11 所示。

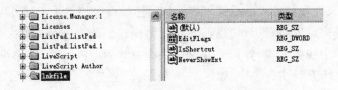

图 1-11   删除 IsShortcut 键

18. 只运行许可的 Windows 应用程序

要限制用户任意运行特定的 Windows XP 程序,可以在运行窗口中输入 gpedit. msc 打开"组策略"窗口,然后选择"组策略控制台"→"用户配置"→"管理模板"→"系统"命令,启用"只运行许可的 Windows 应用程序"对话框;接下来单击"允许的应用程序列表"右边的"显示"按钮,弹出一个"显示内容"对话框,单击"添加"按钮,添加允许运行的应用程序(如 notepad. exe)即可,以后普通用户只能运行"允许的应用程序列表"中的程序。

19. 禁止运行命令提示符窗口

在 Windows XP 中,要禁止运行 Cmd. exe 命令行窗口程序,则可以在组策略设置窗口中选择"组策略控制台"→"用户配置"→"管理模板"→"系统"命令,启用"阻止访问命令提示符"对话框,并在下面列表框中选择是否"也停用命令提示符脚本处理",如果选择了这个设置,命令行窗口程序和批处理文件. bat 将不能在计算机上运行。以上设置完成后,当用户试图打开命令窗口时,系统就会显示一条消息,解释并阻止该操作。

20. 让中文文件名按笔画排序

在 Windows XP 的资源管理器中,不管文件名或文件夹名是英文还是中文,当用户用"详细信息"方式查看时,在文件列表标题"名称"上单击,文件名默认的排序方式都是按字母的顺序排列的。如果用户有大量的中文文件名,那么让中文文件名按笔画排序会更符合用户的使用习惯。

操作步骤:

(1) 在 Windows XP 中选择"控制面板"→"区域和语言选项"命令,切换到"区域选项"选项卡。

(2) 单击"自定义"按钮打开"自定义区域选项"对话框,打开"排序"选项卡,在排序方法下拉列表中选择"笔画"选项。

重新启动计算机后,打开资源管理器,单击文件列表标题名称,会发现中文文件名已经按笔画多少排序了。

注意：该设置只影响中文名称文件，不管以"发音"还是以"笔画"排序，用英文命名的文件，其排序方式总是按名称排序。

1.2 故障处理

1. 恢复最后一次正确的系统配置

当对计算机进行了设置修改或是安装一些软件后，导致系统重新启动后出现不能正常登录的故障，可以在系统启动时按 F8 键，选择"最后一次正确的配置"选项来恢复上一次正常登录时的正确系统配置。

2. 开机后有鼠标显示，但鼠标不能移动

原因：鼠标没有插在正确的接口上或接触不良，或鼠标故障。

解决：重新插拔（有时需要重启），若没有解决，请更换鼠标后重试。

3. 某程序不能正常退出或关闭，现象类似于死机

原因：系统忙，未能及时响应。

解决：同时按 Ctrl＋Alt＋Del 键，弹出"Windows 任务管理器"后，选择"应用程序"选项卡，选择需要结束的程序后单击"结束任务"按钮。

4. 某一个键盘按键没有反应，或者鼠标单击左键时出一个小菜单

原因：键盘按键识别有误。可能某个按键（如 Ctrl）按下没有弹起，或键盘内有杂物。

解决：①将键盘中的 Ctrl、Alt、Shift、Tab 等键依次敲击，保证其已正常弹起；②将键盘翻转，轻轻拍打摇晃，使杂物掉落。

5. 无法连接上网，任务栏右下角的网络连接图标上有个小红叉

原因：网络不通。

解决：检查机箱后面网线是否连接；检查网线末端的水晶头是否接触不良；检查网络交换机是否开启。

6. 无法连接上网，屏幕右下角显示"IP 地址冲突"（如图 1-12 所示）

原因：本机 IP 地址和其他计算机的 IP 地址相同。IP 地址是每台计算机在网络通信时所使用的唯一地址标识，不允许有重复，所以一旦本机 IP 被他人占用，本机将不能正常连接网络。

图 1-12　IP 地址冲突

解决：重新为本机设置一个未分配的 IP 地址。

7. 输入法图标不见了怎么办

任务栏右下角输入法图标不见了，有以下一些解决方法：

（1）选择"开始"→"运行"命令，输入 ctfmon 命令后单击"确定"按钮。

（2）选择"开始"→"设置"→"控制面板"按钮，双击"区域和语言选项"图标，在对话框中单击"语言"选项卡中的"详细信息"按钮（如图 1-13 所示），在打开的"文字服务和输入语言"对话框中选择"高级"选项卡，取消对"关闭高级文字服务"复选框的选择（如图 1-14 所示）。

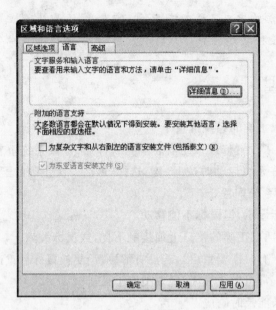

图 1-13　区域和语言选项

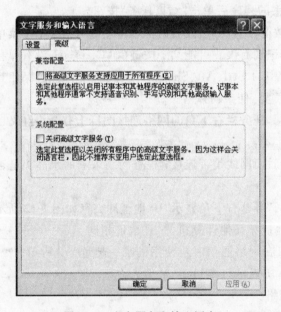

图 1-14　文字服务和输入语言

如果用上述方法在"区域和语言选项"中找回了语言栏,但重启系统后语言栏又消失了,则可以用如下方法解决:打开注册表编辑器,在［HKEY_CURRENT_USER\SOFTWARE\Microsoft\Windows\CurrentVersion\Run］位置的右侧窗口空白位置右击"新建"→"字符串值",填入字串值名称为 ctfmon.exe,再双击该字符串建立数据"C:\WINDOWS\system32\ctfmon.exe",如图 1-15 所示。

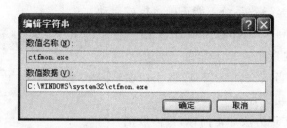

图 1-15 注册表中编辑字符串

8. 如何自动关闭停止响应的程序

在 Windows XP 系统中,通过设置可以使 Windows XP 当侦测到某个应用程序已经停止响应时可以自动关闭它,而不需要进行麻烦的手工干预。要实现这个功能,可以打开注册表编辑器,找到［HKEY_CURRENT_USER\Control Panel\Desktop］项,将 AutoEndTasks 的键值设置为 1 即可。

9. 如何恢复被破坏的系统引导文件

现象：Windows XP 系统开机启动时显示"BOOT.INI 非法,正从 C:\WINDOWS 启动",然后进入启动状态,且也能照常工作。能否在不重装系统的情况下使系统恢复到正常启动状态?

当然是可以的,出现这种情况是因为 C 盘下面的 Boot.ini 启动文件被损坏了。如果计算机中只有一个操作系统,当然它就是默认的操作系统,即使 Boot.ini 文件被损坏了,也将自动地引导该系统进行装载。

解决的办法是在 C 盘根目录下建立一个 Boot.ini 文件,在里面输入如下内容即可。

```
[Boot Loader]
Default = C:
[Operating Systems]
C: = "Microsoft Windows XP"
```

1.3 系统优化

1. Windows XP 的服务优化系统

一般用户正常使用 Windows XP 系统时,通常一些系统服务程序是不需要启动运行的,而这些额外的服务程序在运行时会严重地影响系统性能,根据实际需要可将这些多余的服务程序禁用。

操作步骤：选择"开始"→"控制面板"→"管理工具"→"服务"命令,弹出"服务列表"窗口,可以看到有些服务已经启动,有些则没有。可查看相应的服务项目描述,对不需要的服务予以关闭。如 Alerter 服务,如果未连接局域网且不需要管理警报,则可将其关闭。

对服务程序的禁用要慎重,对不熟悉的服务不要随意关闭,否则可能会导致一些程序不能正常运行,甚至导致系统不能正确运行或启动。

2. 取消 Windows XP 默认支持 ZIP 文档

　　Windows XP 内置了对 .zip 压缩文件的支持,可以把 zip 文件当成文件夹浏览,但系统会为此耗费大量资源,可以将这一系统功能关闭,以提升系统性能。实现方法非常简单,只需取消 zipfldr.dll 的注册就可以了,选择"开始"→"运行"命令,在命令框输入命令:regsvr32/u zipfldr.dll,然后单击"确定"按钮即可,如图 1-16 所示。

图 1-16　取消 Windows XP
默认支持 ZIP 文档

3. 关闭系统还原功能

　　Windows XP 的系统还原功能是其卖点之一,但一般最好还是关闭这个设置,因为系统还原要求巨大的硬盘空间。系统默认的设置是在每个分区都有还原点,记录每个分区的软件安装和使用状态。这种还原功能会产生巨大的文件,而且系统还原要进行大量的数据读写操作,CPU 的占用率也是比较大的,系统性能会受到影响,除非需要经常性的安装测试新软件并进行系统的还原操作,对系统还原功能真的是用得着,否则还是建议关闭了它。

　　(1) 在桌面上右击"我的电脑",选择"属性"命令。

　　(2) 在弹出的"系统属性"对话框中打开"系统还原"选项卡,并选中"在所有驱动器上关闭系统还原"复选框,单击"确定"按钮即可,如图 1-17 所示。

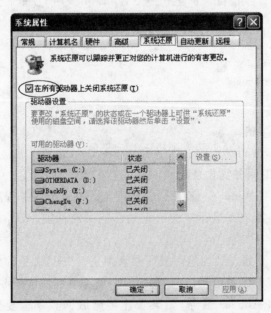

图 1-17　关闭系统还原功能

4. 使用 Ramdisk 内存盘

内存盘是通过软件的方式把一部分物理内存空间虚拟成一个系统分区,其特点是数据完全存储在内存中,所以一旦关闭计算机,就会导致内存盘中的数据完全丢失,这个特性使得内存盘特别适合于存储一些临时性的文件,如浏览器的网页缓存,Windows 和应用程序运行时产生的临时文件。把这些文件都恰当地放到内存盘上,可以减少硬盘上文件碎片的产生,并且不需要主动删除这些临时文件,因为一旦重新启动系统,这些临时文件就自动消失了。也正是这个特性,使得内存盘不适合存储重要的数据文档,因为一旦死机或停电,这些文件就再也找不回来了。

使用 Ramdisk 内存盘的操作系统要求是 Windows 2000 以上,内存最好在 256MB 以上,内存较少,就不要使用内存盘了,否则会降低 Windows 系统的运行效率。

安装和设置 Ramdisk 非常简单。运行 Ramdisk 程序,如果 Ramdisk 还没有在系统中安装过,那么只要单击"安装 Ramdisk"按钮就可以了(安装时,Windows 可能会警告驱动程序没有数字签名,不用去理睬它)。安装完成后,这时除了"安装 Ramdisk"按钮以外的其他按钮都可用了。设置 Ramdisk 内存盘也很简单,仅仅包括盘符、内存盘大小、内存盘的类型三个选项。按如图 1-18 所示进行设置即可。

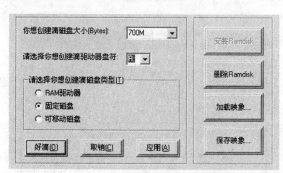

图 1-18　内存盘的安装设置

内存盘设置好后,就是设置优化系统,以充分发挥内存盘的作用。

(1)首先是设置 Windows 操作系统的临时文件夹目录到内存盘。这样可以提高系统的运行效率,又不需要担心死机导致的临时文件夹目录逐渐增大的问题。右击桌面上面的"我的电脑"图标,选择"高级"选项卡,单击"环境变量"按钮,在弹出的"环境变量"对话框中设置包括"用户环境变量"和"系统环境变量"为 R：\TEMP,但最好不要用 R 盘的根目录作为临时目录,如图 1-19 所示。

(2)更改浏览器的临时缓存目录,以 IE 浏览器为例,在 IE 浏览器的"工具"菜单中选择"Internet 选项",在打开窗口的"常规"选项卡中单击"Internet 临时文件"位置处的"设置"按钮,然后单击"移动文件夹"按钮,选择那个虚拟盘即可,如图 1-20 所示。

(3)其他应用程序,如 WinRAR 压缩程序,也可以找到"设置"菜单项进行"路径选项"的设置。如果是在设置系统的临时文件夹目录以后安装这些软件,一般会根据系统设置自动调整,不需要手工设置修改了。

图 1-19　设置临时文件夹到内存盘

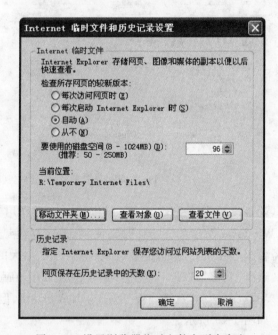

图 1-20　设置浏览器临时文件夹到内存盘

（4）很多编译程序在编译时会产生大量的临时文件，如 Visual C++ 或 Gcc，也可以调整编译器的设置，使得编译产生的中间文件都存放到内存盘上，可以极大提高编译速度。

（5）如果物理内存空间较大，可以配置较大的内存盘空间，操作系统的虚拟内存也可以设置到内存盘，也可以提升系统性能。

对于 Windows XP 系统,下面给出一个 Ramdisk 内存盘分配物理内存空间的一般性参考设置。

物理内存大小	划分给内存盘的空间	物理内存大小	划分给内存盘的空间
128MB	16MB	512MB	256MB
256MB	32MB	1024MB	512MB

5. 字体安装的优化

系统使用时可以根据应用要求安装各种不同的字体,但是有些字体文件本身很大,特别是中文字体,一般在 10MB 左右,一旦安装过多的字体,会使系统盘臃肿不堪。不过 Windows 系统可以在安装字体时做一点优化处理,其方法就是不直接把要安装的字体复制到系统根目录下的 Fonts 子目录中。以 Windows XP 为例,在 D 盘下创建一个目录 MyFonts,然后把全部需要安装的字体文件放到这个目录里面,然后在"开始"→"运行"里面输入 Fonts,打开字体目录,依次打开"文件"→"安装新字体"菜单,在出现的对话框里面找到 D:\MyFonts 这个目录,然后去掉"将字体复制到 Fonts 文件夹"前面的"√",最后选中要安装的字体,单击"确定"按钮即可。

6. 磁盘碎片增加

随着日常计算机的使用,计算机中安装的软件和存储的文件资料也越来越多,磁盘碎片也开始增加,所以系统在读取数据时会变得比较缓慢。这时选择"开始"→"程序"→"附件"→"系统工具"→"磁盘碎片整理程序"命令,进行磁盘碎片整理(如图 1-21 所示)。

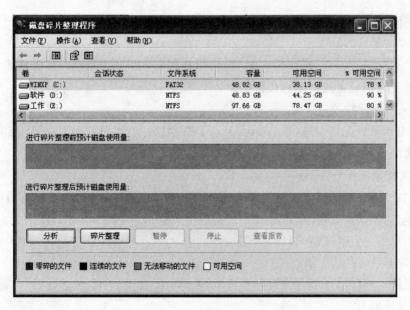

图 1-21　磁盘碎片整理程序

7. 在开机时加载太多程序

计算机在启动过程中,除了会启动相应的驱动程序外,还会启动一些程序,这些程序被称为随机启动程序。随机启动程序不但会影响系统启动时的速度,而且还会消耗更多的计算机资源,如物理内存。

　　一般来说,要想删除随机启动程序,可到"开始"→"程序"→"启动"清单中删除。但是对于 QQ、MSN 等程序,是不能在"启动"清单中找到删除的,可以通过"开始"→"运行"对话框,输入 MsConfig 命令调用"系统配置实用程序"(如图 1-22 所示),取消"启动"选项卡中的相关启动项目程序。

图 1-22　系统配置实用程序

8. 其他系统优化

（1）取消鼠标指针阴影

通过"鼠标"→"指针"对话框取消"启用指针阴影"特性。虽然指针阴影美化了鼠标指针,但这是以消耗系统资源为代价的。

（2）关闭视觉特效

如果电脑硬件配置不高,Windows XP 的视觉特效如"动画窗口"、"淡入淡出"也最好关闭,以免降低系统性能。

（3）关闭错误报告

右击"我的电脑"图标,选择"属性"选项,在打开的"系统属性"对话框中打开"高级"选项卡,单击"错误报告"按钮,在弹出的"错误汇报"对话框中,选择"禁用错误汇报"单选按钮,最后单击"确定"按钮即可。

（4）关闭系统自动更新

在"系统属性"对话框中的"自动更新"选项卡中,选择"关闭自动更新"单选按钮,单击"确定"按钮即可。

（5）取消系统的默认磁盘根目录共享

如果要取消 D 盘的共享,可以在命令行窗口中输入命令：net share D＄/delete。

（6）删除多余字体

Windows系统中安装的字体越多，就会占用更多的内存资源，减慢系统的运行速度。因此，对于不常用的字体，最好把它从系统中删除。字体文件通常放在C:\Windows\Fonts目录中。

（7）桌面图标太多惹的祸

很多用户都希望将各种软件的快捷方式放在桌面上，这样虽然使用时很方便，但是会降低系统性能。Windows每次启动并显示桌面时，都需要逐个查找桌面快捷方式的图标并加载它们，桌面图标越多，所花费的时间当然就越多。

第2章

Word使用技巧

2.1　文字处理技巧

1. 页面设置快速进行调整

双击标尺上没有刻度的部分就可以打开页面设置了，如图 2-1 所示。

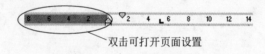

双击可打开页面设置

图 2-1　页面设置快捷方法

2. 字号快速调整

（1）选择好需调整的文字后，按组合键 Ctrl＋[缩小字号，组合键 Ctrl＋]放大字号。

（2）利用组合键 Ctrl＋Shift＋＞来快速增大文字，而利用 Ctrl＋Shift＋＜快速缩小文字。

3. 取消超链接线

在 Word 中输入网址或电子邮件地址时，会自动变成蓝色并带下划线。改变颜色：选择好超链接部分的文字或地址，使用"格式"工具栏上的颜色按钮 ▲ 即可改变颜色，双击下划线按钮 U ▼ 可以取消下划线。

4. 英文大小写自由转换

对选择的英文字使用组合键 Shift＋F3，就会让所选择的英文单词在首字母大写、英文单词全大写、英文单词全小写间快速切换。

例如，输入文字：How are you?

第一次按 Shift＋F3 为：HOW ARE YOU?

第二次按 Shift＋F3 为：how are you?

第三次按 Shift＋F3 为：How Are You?

5. 字体设置、省略号的快捷键

加粗、倾斜、下划线：Ctrl＋B、Ctrl＋I、Ctrl＋U；省略号：Shift＋6。

6. 快速去除回车、分页等特殊设置

可以选择"编辑"→"替换"命令来轻松地完成。例如快速把回车替换为段落标记。如下操作：选择下列文字，选择全部替换即可，如图 2-2 所示。

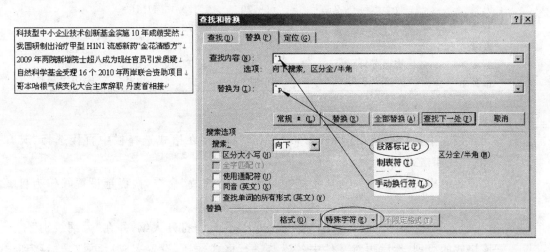

图 2-2　快速删除回车、分页

7. 轻松调用数据库文件中的数据

操作步骤：先通过选择"视图"→"工具栏"→"数据库"命令打开"数据库"对话框，单击"获取数据"按钮。在选择好要调用的数据库文件后再单击"确定"按钮返回"数据库"对话框，此时"设置查询选项"将起作用。在此要对调用数据库进行设置筛选等，可以根据自己的需要，设置所选数据的条件、按何种方式排序等参数。另外还可在"排序记录"中对引入的数据进行排序，在"选择域"中对引入数据的字段进行筛选等。当所有的筛选条件均设置好以后，就可以插入数据了，如图 2-3 所示。

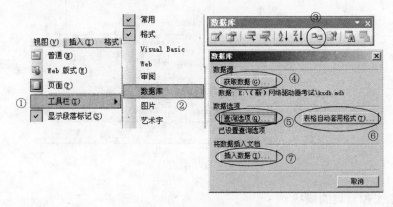

图 2-3　从数据库中获得数据

从数据库中获得的数据如表 2-1 所示。

表 2-1　从数据库中获得的表

教师姓名	授课班级	密码	IP 地址	考试模块
宋绍云	土管本科 09	123	172.17.10.12	Word 模块
万景	数学本科 09-2 班	2058520	172.16.11.103	
万景	地理本科 09-2	2058520	172.17.7.10	
万景	工商管理 09-1 班	2058520	172.17.7.10	
罗矛	物理本科 09-1	941217	172.16.10.36	
白金荣	09 市场营销	baijr223	172.17.10.12	PPT 模块

8. 如何自动生成目录

首先在格式工具栏上单击"格式窗格"按钮（或直接在格式选择栏中直接选择"其他"）打开"样式和格式"设置栏。

在要设置的格式名称上右击，从快捷菜单中选择"修改"命令，按提示设置好作为目录的文字。

在 Word 菜单栏选择"视图"→"工具栏"→"大纲"命令打开大纲，并在"大纲级别"中设置好该格式的级别，然后再对文件中各段落进行格式选择，设置完成后再把光标移到需放置目录的位置。

再在 Word 菜单栏选择"插入"→"引用"→"索引和目录"命令打开"索引和目录"对话框，在该对话框选择"目录"选项卡，然后根据自己的需要设置好"显示级别"，完成后单击"确定"按钮便可快速得到自己想要的目录，如图 2-4 所示。

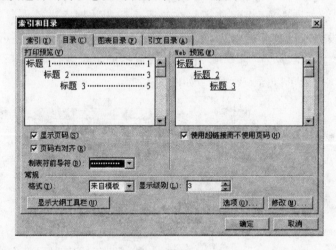

图 2-4　自动生成目录

9. 轻松去掉页眉的横线

在页眉区域双击左键激活页眉，选择页眉或页脚文字，然后选择"格式"→"边框和底纹"命令，在弹出的对话框中把边框设置为"无"，并在"应用于"下拉列表中选择"段落"选项，再单击"确定"按钮即可发现该横线已被去除，如图 2-5 所示。

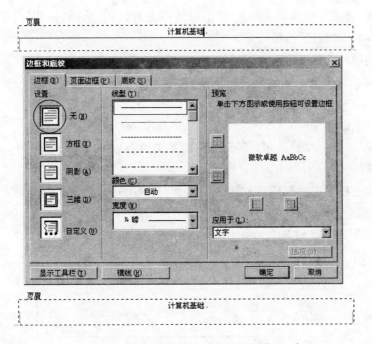

图 2-5　去掉页眉或页脚的下划线

10. 一次完成中英文两类字体设置

（1）选中要设置字体的所有文本。

（2）选择"格式"→"字体"命令打开"字体"对话框。

（3）在对话框中分别对中、英文字体进行格式设置。

（4）最后单击"确定"按钮便可完成对两类字体的设置。

11. 页码任意位置插入

选择"插入"→"页码"命令完成页码插入后，再在页码框上双击左键（此时便可对页码进行编辑），然后把指针移到页码框上，按下鼠标左键进行拖动，便可对页码的位置进行任意调整，如图 2-6 所示。

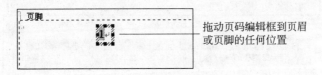

图 2-6　页码位置的改变

12. 如何从某页开始设置页码

（1）选择"插入"→"分隔符"命令，打开"分隔符"对话框，在"分节符类型"选项区域中选中"下一页"选项，单击"确定"按钮。

（2）选择"视图"→"页眉页脚"命令用"链接到前一个"按钮，删除"与上一节相同"（页眉、页脚都要删除）。

（3）选择"插入"→"页码"命令，对相应选项进行设置，选择"格式"命令，将"起始页码"设置为1，单击"确定"按钮即可。

13．取消已插入的页码

首先在页码编号上用鼠标双击进入编辑状态→选中需取消的页码号→按 Delete 键即可取消页码。

14．为分栏创建页码

（1）选择"视图"→"页眉和页脚"命令，切换至第一页的页脚（或页眉）。

（2）连续按两下 Ctrl＋F9 组合键。

（3）在与左栏对应的合适位置输入"第{＝{PAGE}＊n－1}页"，在与右栏对应的合适位置输入"第{＝{PAGE}＊n}页"。

注意：其中 PAGE 为原来的当前页，n 为分栏数，如图 2-7 所示。

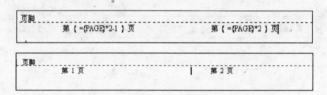

图 2-7　分栏页码

15．对同一个文件中不同部分页面创建不同的页眉或页脚

首先要对文件进行分节，然后断开当前节和前一节中页眉或页脚间的连接。最后在不同的节中创建不同的页眉或页脚即可，如图 2-8 所示。

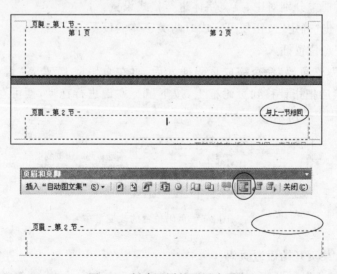

图 2-8　创建不同的页眉或页脚

16．如何去除格式标记

有些用户在使用 Word 时总会在段落开始或末尾处出来一些各式各样的符号，有时

影响观看版面效果,这些符号叫做"格式标记",它们并不影响打印效果。

去掉它们的操作步骤如下:

选择"工具"→"选项"→"视图"命令,在"格式标记"选项区下列出了许多格式标记,取消对"全部"复选框的选择。

2.2 表格处理技巧

1. 文字巧妙转换成表格

用分隔符逗号、制表符、空格或其他字符隔开准备产生表格列线的文字内容。然后按如下操作。操作步骤:选择"表格"→"转换"→"文本转换成表格"命令,打开"将字转换成表格"对话框,在"文字分隔符位置"选项区选择"逗号"单选按钮(一定要与输入表格内容时的分隔符一致),如图 2-9 所示。

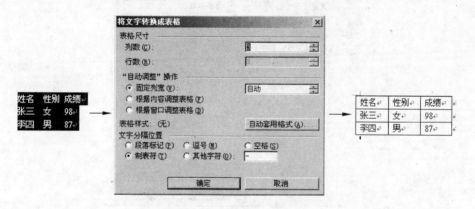

图 2-9 文字与表格之间的转换

2. 用"+"、"-"号巧制表格

首先在要插入表格的地方输入"+"号,用来制作表格顶端线条,然后再输入"-"号,用来制作横线(也可以连续输入多个"-"号,"-"号越多表格越宽),接着再输入一些"+"号("+"号越多,列越多),完成后再按回车键,便可马上得到一个表格。

注意:用此方法制作出的表格只有一行,若需制作出多行的表格,则可将光标移到表格内最后一个回车符号前,按 Tab 键或回车键(Enter),即可在表格后插入行。

3. 轻松微调行列宽度

只需在水平标尺上按住鼠标左键调行的同时按下右键,标尺上(调整行时会在垂直标尺上显示,而在调整列时会在水平标尺上显示)会显示出行或列的尺度,如图 2-10 所示。

4. 表格行列宽度调整技巧

(1) 选中要调整的行或列,在选择区域上右击,在弹出的快捷菜单中选择"表格属性"命令。

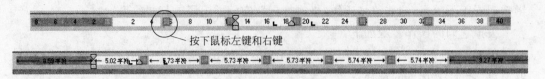

按下鼠标左键和右键

图 2-10　微调行列宽度

（2）打开"表格属性"对话框，根据实际情况选择"行"或"列"选项卡。

（3）选择"指定高（宽）度"复选框，然后在其后输入具体数值。

（4）单击"确定"按钮便可设置完成，如图 2-11 所示。

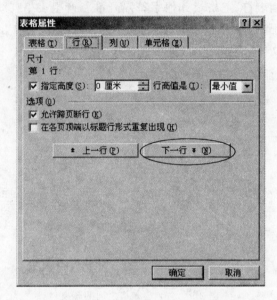

图 2-11　表格行高与列宽调整

　　注意：若不需达到如此精确度，也可利用鼠标拖动表格线的方式进行调整，在调整的过程中，如不想影响其他列宽度的变化，可在拖动时按住键盘上的 Shift 键；而若不想影响整个表格的宽度，可在拖动时按住 Ctrl 键。

5. 让文字自动适合单元格

（1）选中要设置自动调整的单元格。

（2）在 Word 菜单栏中选择"表格"→"表格属性"命令。

（3）在"表格"选项卡下单击"选项"按钮打开"表格选项"对话框，取消选择"自动重调尺寸以适应内容"复选框。

（4）单击"确定"按钮返回"表格属性"对话框，然后选择"单元格"选项卡，再单击"选项"按钮，在打开的单元格选项对话框中选择"适应文字"复选框即可，如图 2-12所示。

6. 表格中自动排"序号"

（1）选中要填序号的单元格区域，如图 2-13 所示。

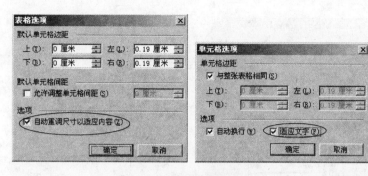

图 2-12 单元格自动适应文字

（2）选择"格式"→"项目符号和编号"命令，如图 2-14 所示。

（3）选择"编号"选项卡，根据需要选择好编号形式后，再单击框下边的"自定义"按钮，出现"自定义编号列表"对话框，在"编号格式"文本框中输入自己想要的格式形式，注意框中数字"1"不能删掉，而其后的点"."或半圆括号")"可去掉或变成其他样式，如图 2-15 所示。

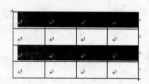

图 2-13 选择要编号的区域

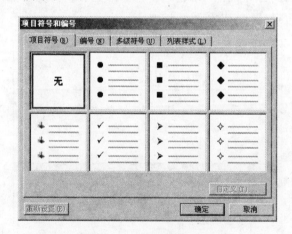

图 2-14 项目符号和编号

（4）在"编号样式"下拉列表框中选"1,2,3,…"，"起始编号"数字框中填上序号的第一个数字，如"1"，同时还可在"编号位置"下拉列表选择对齐方式。

（5）在"字体"栏可对文字做修饰工作；完成后单击"确定"按钮，Word 表格所选择的行或列中便自动填写好了想要的"序号"，如图 2-16 所示。

7. 一次插入多行或多列

首先在选择行与列时，可以选择多行，即如果要插入三行，则可先一次选中三行，再在选择区上右击，在弹出的菜单中选择"插入行"选项即可。

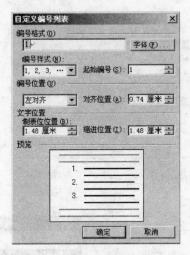

图 2-15 编号自己定义

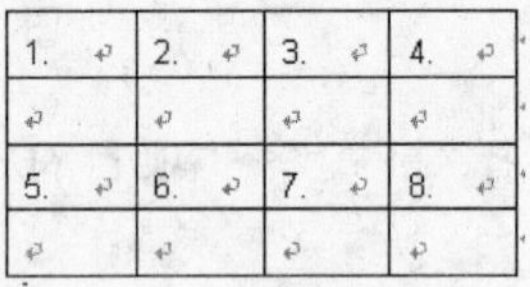

图 2-16 填写好的编号

8. 防止表格跨页断行

要防止某行单元格中的文字前后拆分在两页,在表格上右击,在弹出的菜单中选择"表格属性"选项,选择"行"选项卡,取消选择"允许跨页断行"复选框,再单击"确定"按钮关闭属性对话框即可,如图 2-17 和图 2-18 所示。

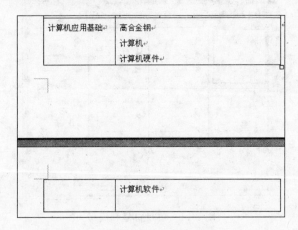

图 2-17 单元格跨页

9. 表格中数据快速排序

首先选中要排序的列,再选择 Word 菜单栏中的"表格"→"排序"命令打开"排序"对话框,选择该列数据要按何类型排序,比如学生成绩当然是选择"数字",再在其后设置排序方式:升序或降序,在 Word 中一次可最多对三个关键字进行排序。

10. 巧用表格制作罗列式结构图

首先根据结构图的行、列及括号数制作出相应行、列数的表格,然后对结构图前一级文字所处的单元格选择合并,输入文字并设置为垂直居中,再在绘图工具栏插入相对应

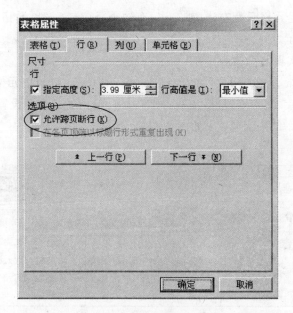

图 2-18　取消允许跨页断行

的大括号，最后再选中整个表格，在其上右击，选择"表格属性"命令，打开"表格属性"对话框，再单击"表格"选项卡下的"边框和底纹"按钮，打开"边框和底纹"对话框，然后在"边框"选项卡选择"无"选项，单击"确定"按钮完成，如图 2-19 所示。

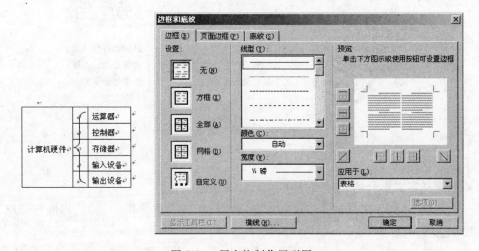

图 2-19　用表格制作罗列图

11．如何让表格左右两边绕排文字

如果要在表格右侧（左侧）输入文字，Word 一般会提示"此操作对行结尾无效"的错误信息。这时一般可以用文本框的"绕排"来实现。其实不用文本框也可以实现。操作如下。

（1）先把该表格的最后一列（或第一列）合并成一个单元格。

（2）设置好该单元格只有左边（或右边）有边框，这样在该单元格输入的文字就可以绕排在表格的一边了。

12. 利用表格实现复杂排版

要排版出向报纸一样的格式，首先绘制表格，然后对表格的单元格进行合并操作，在需要的位置插入图片、文字等，最后用"格式"→"边框与底纹"命令设置即可。

编辑方法如图 2-20 所示，效果如图 2-21 所示。

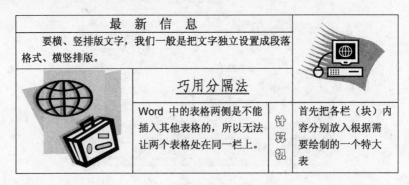

图 2-20　利用表格制作特殊版式

图 2-21　表格排版效果

13. 表格的垂直拆分

（1）选择需要拆分的列，注意这里要选择一整列。

（2）选择"格式"菜单中的"边框和底纹"命令，或在右键菜单中选择"边框和底纹"命令，出现"边框和底纹"对话框。

（3）单击"边框"标签，在预览区中单击顶边框、中边框和底边框，以将其边框线删除（如图 2-22 所示），仅保留左边框线和右边框线，如图 2-22 所示。

14. 表格文本缩进

Word 表格中的 Tab 键有特殊用途，按 Tab 键光标会跳到下一单元格，不能实现文本的缩进。如果想让表格的文本缩进，可以按 Ctrl＋Tab 组合键，光标就会像普通文本那样在表格中缩进了。

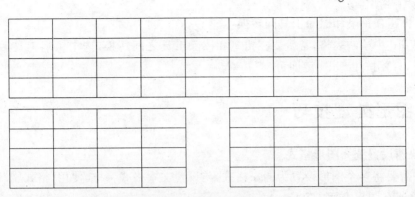

图 2-22 表格的纵向拆分

15. 利用表格功能实现汉英对译

要想实现英汉对译,如果只是用分栏功能的话,可能会出现由于英文与汉文的字数不一致而导致两边的文字不能够对齐,而用加空格的方法也比较麻烦。如果用 Word 的表格功能,则会起到事半功倍的效果。其具体步骤:单击"表格"菜单,选择插入一个多行三列的表格,表格的行数与表格内最终的内容有关,如果表格行数多了,可以删除掉,如果不足,可以再插入几行。这三列中左右两列设置比较宽,中间一列设置比较窄,主要是用来分隔中英文的。完成后选中整个表格,右击,在弹出的快捷菜单中选择"表格属性"命令,在弹出的对话框中单击"表格"选项卡下的"选项"按钮,再在弹出的对话框中取消"自动调整尺寸以适应内容"这个复选框,然后单击"边框与底纹"按钮,设置表格为"无边框"。这时就可以轻松地实现中英文互译了,如图 2-23 所示。

英文	中文
英文	英文

图 2-23 实现中英文互译

16. 巧用表格实现特殊格式要求

由于一般选择题答案选项都是 4 个,可以把输入整个试卷的选择题部分看做是在制作一个 4 列多行的表格。将题目输入行利用"合并单元格"命令把它合并,用于输入题目内容。在答案输入行依次输入相关的答案选项。操作完成后,在"边框和底纹"对话框中取消表格的边框就可以了,如图 2-24 所示。

1. 计算机的硬件由( )组成。			
A. 运算器	B. 控制器	C. 存储器	D. 输入设备
2. 计算机的软件分为( )。			
A. 系统软件	B. 应用软件	C. 数据库系统	D. 计算机语言

1. 计算机的硬件由( )组成。			
A. 运算器	B. 控制器	C. 存储器	D. 输入设备
2. 计算机的软件分为( )。			
A. 系统软件	B. 应用软件	C. 数据库系统	D. 计算机语言

图 2-24 试卷制作方法及效果

17. 快速在铅笔和擦除工具间转换

在 Word 中绘制表格,常常要在铅笔和擦除工具之间转换,选中铅笔工具后,要使用擦除功能,只要按住 Shift 键即可。

2.3　图形处理技巧

1. 快速设置统一图形格式

如果需要将多个图形设置为同一格式,与设置文本格式一样,使用"格式刷"即可。

2. 快速在图片上插入文字

只需要在要加入文字的图片上新建一个文本框,在文本框内部输入要加入的文字,再在"设置文本框格式"中把线条色设置为"无"即可。

3. 不失真地获得其他 Word 文件中的图片

(1) 打开那个 Word 文件,选择"文件"→"另存为"命令。

(2) 从"保存类型"下拉菜单中选择"Web 页"方式保存。

(3) 进入该文件夹,此时所要的图片已在里面了,如图 2-25 所示。

注意:每个图都有两个图形文件对应,要选择那个容量大的图片文件。

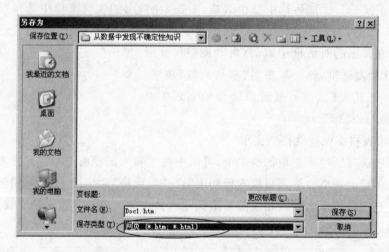

图 2-25　把 Word 文档保存成 HTML

4. 将 Word 文件转换为图形文件

有些用户没有安装 Word 程序,而需将一个配有图片资料的 Word 文件拿到这类用户计算机上进行观看。

(1) 将要转换的 Word 文件保存并关闭,然后再新建一个空白 Word 文件。

(2) 在资源管理器中将需要转换的 Word 文件图标拖到该空白 Word 文件中即可。如图 2-26 所示。

5. Shift 键让绘图更标准

可在绘画时按住 Shift 键便可画出标准的圆,同样在选择矩形工具时按住 Shift 键便

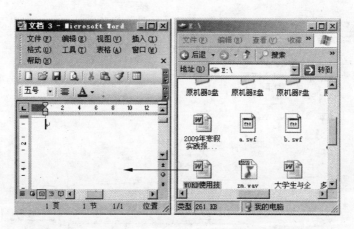

图 2-26　把 Word 转换为图形

可画出正方形,选中直线工具时按住 Shift 键便可绘画笔直的直线(但只能绘制出四个方向的直线)。

6. 文件中图片为×的情况

在打开一些含有图片的 Word 文件时,有时会发现文中的图片无法显示。在图片位置被一个很大的红色的"×"替代了。出现这种现象的原因是在编辑这些图片时,由于不小心将这些图片的一部分移动到了页面以外的位置。只要对这些图片重新进行页面设置,使它们全部位于页面范围之内,那么下次再打开时就不会出现这种现象了。

7. 在 Word 中转换图像格式

转换图像格式是图像编辑处理软件所具有的功能。其实用 Word XP 也可以实现图像格式的转换。如想把一幅 BMP 格式的图像转换成 JPG 或 GIF 格式,可以执行如下操作。

(1) 首先新建一个空的 Word 文件,再执行"插入"操作。

(2) 选择"图片"→"来自文件"命令,在弹出的文件选择对话框中选择需要转换格式的目标图像文件,然后单击"插入"按钮完成。

(3) 插入指定的图像后,还可以根据需要适当调整图像的大小以及位置,处理好后,选择菜单栏中的"文件"菜单项的"另存为 Web 页"命令,再输入文件名和保存路径,单击"保存"按钮后 Word 文件就转换为 Web 文件了。这样系统会自动根据原始图像的颜色多少,将其转换为 JPG 或 GIF 格式,如图 2-27 所示。

8. 把文档中的所有图片单独存放

只要选择"文件"→"另存为 Web 页"命令即可。假设另存为的文件名为 1. htm,Word 会在文档所在的文件夹中自动新建一个名为 1. files 的文件夹,同时将文档中的图片一一存放在其中,文件的后缀名为.jpg。

9. 在 Word 中画图

在 Word 中确实可以对常见的一些图形进行绘制,具体绘画方法如下。

(1) 绘制一般直线:单击绘图工具栏上的"直线"图标按钮然后按住 Shift 键拖动鼠

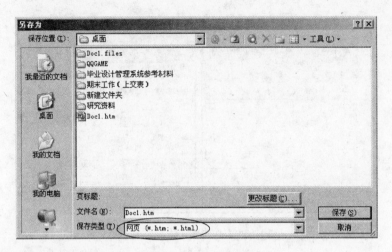

图 2-27　在 Word 中转换图像格式

标。极短直线：单击"矩形"图标按钮再拖出，然后在"设置自选图形格式"对话框中选择
"大小"选项卡，"高度"、"宽度"则可以根据需要的长度自由设置。

（2）涂盖：单击绘图工具栏"文本框"图标按钮，调节文本框至适当大小，然后用鼠标
左键双击框边，选择填充颜色。把"线条颜色"设置为"白色"，最后将文本框拖到要被涂
盖处即可。

（3）旋转：选中要旋转对象，然后在"绘图"中的"旋转或翻转"中选择"自由旋转"图
标按钮，把鼠标移动到一个绿色的小点上，鼠标则会变成一环形箭头指针，按住鼠标左
键，再拖动鼠标使对象绕其中心旋转即可；若需以 15°为角度改变单位旋转，可在牵引的
同时按住 Shift 键。

（4）标注文字输入：单击绘图工具栏"文本框"图标按钮，输入文字，双击框边，选择
"颜色和线条"选项卡，"填充颜色"选择"无填充"色，"线条颜色"选择"无线条颜色"，将文
本框拖到准备放置处。

（5）微移：为更轻松地绘出细节，或要控制对象以极微小步距移动，操作如下：先按
住 Alt 键执行拖动操作，将"水平间距"和"垂直间距"都设置为最小，即都设置为 0.01 字
符，将鼠标指针移动速度调小即可。

10. 让图形位置随文字移动

解决这个问题的方法是：选中文件中需要禁止移动的图片，右击打开快捷菜单，选择
其中的"设置图片格式"命令。再单击"版式"选项卡中的"高级"按钮，打开"高级版式"对
话框中的"图片位置"选项卡。选择其中的"对象随文字移动"和"锁定标记"两个复选项，
单击"确定"按钮即可生效，如图 2-28 所示。

11. 快速插入图片表格

Excel 表格插入 Word 的通常做法是将它复制到剪贴板，然后再粘贴到 Word 文件。
这种做法存在一定的缺陷，例如表格中的数据格式受 Word 的影响会发生变化，产生数据

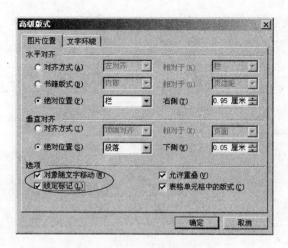

图 2-28　图片随文字移动

换行或单元格高度变化等问题。如果不再对表格内容进行修改,可以将 Excel 表格用图片格式插入 Word 文件,具体方法是:选中 Excel 工作表中的单元格区域,按住 Shift 键打开"编辑"菜单,选择其中的"复制图片"命令,即可按粘贴图片的方法将它插入 Word 文件。如果需要在图形处理等程序中插入图片形式的 Excel 表格,或者需要将 Excel 中的图表插入 Word 文件,同样可以采用上述方法,如图 2-29 所示。

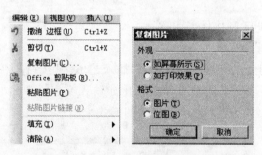

图 2-29　复制 Excel 为图片格式

12. 如何将 Word 文件的全部内容或部分文字转化为图形形式

(1) 打开需转化为图形格式的文件,选择"插入"→"对象"命令,在"对象类型"下拉列表中选择"Microsoft Word 文件"选项,单击"确定"按钮。

(2) Word 系统会自动新建一个文件,在该文件中输入需要转换为图形的文字(可以通过"复制"→"粘贴"操作来实现),输入完毕后,关闭该文件窗口。

(3) 在原文件窗口中选择"文件"→"另存为 Web 页"命令,在文件名文本框中输入该文件的文件名(如:123),单击"保存"按钮。

(4) 在该文件的保存目录下找到一个名为"文件名. files"(如:123. files)的文件夹,在该文件夹下找到一名为 123. gif 的文件,该文件就是转化后的图形文件,如图 2-30 所示。

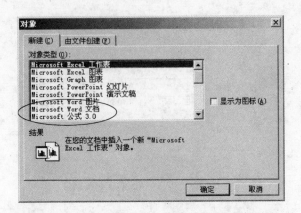

图 2-30　Word 文件的全部内容或部分文字转化为图形

13. 快速调用图章

利用 Word 制作好图章后，请问怎么实现简单、快捷的调用呢？可以使用"自动图文集"来实现。

（1）选择图章，按 Alt＋F3 组合键，在打开的"创建自动图文集"对话框中输入一个印章的代用名，单击"确定"按钮即设置完成。

（2）以后如果要在适当位置加入该印章，只需在"自动图文集"中输入此代用名，再按回车键就可以了。

14. 使用 Word 2003 制作优美印章

（1）用艺术字编辑印章文字

单击常用工具栏上的"绘图"按钮，单击"插入艺术字"按钮。在"艺术字库"对话框中选择圆弧形样式，下一步编辑艺术字文字。比如输入文字。单击"确定"按钮后，出现一个弧形艺术字对象，从中改变艺术字形状为圆形或半圆形（如图 2-31 所示）。

图 2-31　艺术字制作

（2）制作印章外形

绘制方法是：绘制圆或椭圆，同时按住 Shift 键拖动鼠标即可画出一个圆。圆的大小根据印章文字的大小来定。然后将圆的线条颜色改为红色，粗细设为 3 磅左右，环绕方式为四周型。另外印章中间一般有五角星或其他相关图形。五角星可从自选图中来选取并画出，其线条和填充颜色也设为红色。其他相关图形可从剪辑库中选取并插入，然后调整大小及四周型的环绕方式。印章图形就准备好了，如图 2-32 所示。

（3）组合出优美的印章

用鼠标拖动印章文字，将其套在图形中间，若位置不准，可按 Ctrl＋光标的上、下、左、右键来微移选定对象，五角星或其他相关图形用同样方法移至印章中央。相互间的位置和大小调整完全满意后，用"绘图"工具栏上的选定按钮，全部选定，执行"组合"命令，将它们组合即可。根据不同情况，按比例整体缩放其大小，这样一个优美的印章就做好了，如图 2-32 所示。

15. 快速实现图片裁剪

通过"图片"工具栏上的"裁剪"按钮来直接实现。要想调出"图片"工具栏，只需选择"视图"→"工具栏"→"图片"命令即可，如图 2-33 所示。

16. 快速将图片恢复原状

只需单击"图片"工具栏上的最后一个"重设图片"图标按钮即可。当然还可以利用常用工具栏上的撤销操作来快速完成恢复。

17. 巧改图片形状

（1）选择"视图"→"工具栏"→"绘图"命令打开绘图工具，选择合适的自选图形（如：心形）。

（2）右击该图形，选择"设置自选图形格式"选项，在随后弹出的对话框中单击"填充颜色"框右边的下拉按钮。

（3）选择"填充效果"选项，在图片对话框中单击"图片"选项卡下的"选择图片"按钮引入需改变形状的图片，如图 2-35 所示，再单击"确定"按钮即可在 Word 文件中看到形态各异的图片了，如图 2-34 所示。

图 2-32　图章　　　　　　　图 2-33　图片剪裁　　　　　　图 2-34　改变图形效果

18. 巧绘折线

在 Word 具体应用中，有时需要在文件中添加折线，该怎么做呢？

（1）首先可以利用"自选图形"中"线条"中的"直线"画出一条直线。

（2）然后右击该直线，在弹出的快捷菜单中选择"编辑顶点"选项，然后再在直线上单击鼠标右键，如图 2-36 所示。

（3）从弹出的快捷菜单中选择"增加顶点"选项，并在直线上合适位置单击增加一个顶点，然后把鼠标指针指到该顶点上按住鼠标左键进行拖动，即可画出折线。如果要取消折线顶点的话，可以在按住 Ctrl 键不放的同时单击该顶点。

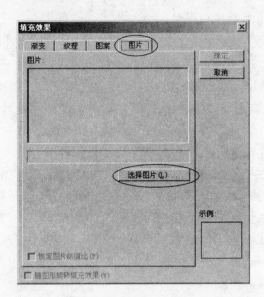

图 2-35　改变图片形状

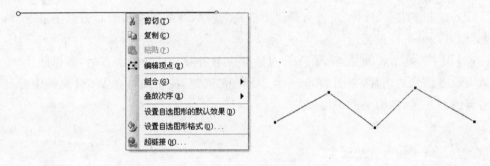

图 2-36　绘制折线

2.4　Word 设置技巧

1. 快速调整 Word 文件工具栏

对于多人使用的公用计算机,很多用户可能都觉得烦恼,因为自己精心调整的 Word 工具栏可能常被修改的乱七八糟,发现工具栏上曾有的设置(如:"自定义编辑"按钮)不见了,有没有办法快速还原到 Word 原默认方式呢?

(1) 打开文件 C:\Windows\ Application Data\Microsoft\Templates\。

(2) 将 Normal 文件复制后粘贴到另一台电脑的相应位置(覆盖原有的 Normal 文件),即可解决上述问题。

同理还可以设计许多不同设置的 Normal 文件,供 Word 文件使用。

2. 如何设置 Word 默认页面

Word XP 建立的文件的默认页面都是 A4 大小,并且其默认生成的文件是不自动缩进的,得使用手工调整它们的缩进,非常麻烦。但巧妙利用 Word 的模板功能使用户一劳永逸。

(1) 启动 Word,新建一空白 Word 文件,然后选择"文件"→"页面设置"命令调出页面设置对话框,将页面大小及上下左右边距设置所需的值。

(2) 同时为了设置好首先缩进格式,可选择"格式"→"段落"命令,在段落设置对话框中选择"缩进和间距"选项卡,并在"特殊格式"下拉列表框中选择"首行缩进"选项。

(3) 选择"文件"→"保存"命令,选择保存类型为"文件模板"文件,并把它保存为 Normal. dot 模板文件即可,若提示无法保存,可另外设置一个文件名,如 Elong. dot。

(4) 进入"C:\WINDOWS\APPLICATION DATA\ MICROSOFT\TEMPLATES" 文件夹,这时会看到两个模板文件 Normal. dot 和 Elong. dot,首先把原 Normal. dot 文件更改为其他名称,如 long. dot,然后再把 Elong. dot 文件名称更改为 Normal. dot;以后在启动 Word 或新建 Word 文件时便会都采用更改后的模板了。

3. 快速克隆个性化的 Office 设置

在 Office 2003 中,不但允许用户根据个人喜好,对自己的编辑环境进行个性化设置,还可以通过"用户设置保存向导"来保存这种设置和恢复这种设置。

操作方法如下(如图 2-37 所示)。

(1) 单击"开始"按钮,在"程序"栏中找到"Microsoft Office 工具"选项,然后单击"用户设置保存向导"程序。

(2) 在弹出的对话框中根据实际进行选择,如果要保存当前设置应选择第一项,而若要从保存设置文件中恢复设置,则选择第二项,如图 2-37 所示。

(3) 接下来根据提示进行操作设置即可。这样下次如果要让其他系统中的 Office 设置符合自己的习惯,或者重装系统后要恢复先前设置,就可使用该向导来完成恢复。

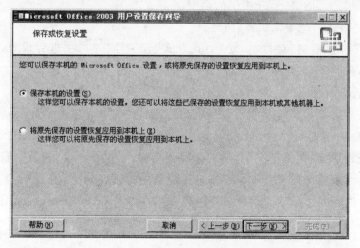

图 2-37 个性化的 Office 设置

4. 调整最近使用文件列表数目

在 Word 编辑窗口的"文件"菜单栏下,会自动显示最近编辑过的文件名字,通过它可以很方便地打开以前编辑过的文件。但是它最多只能显示 4 个文件,其实在文件列表中显示最近编辑过的文件数目是可以自己设置的。

操作步骤如下(如图 2-38 所示)。

(1) 选择"工具"→"选项"命令。

(2) 选择"常规"选项卡,在"列出最近使用文件"后面的微调框中,可以自由调整希望的文件数目,如图 2-38 所示,不过最多只能显示 9 个最后使用的文件。

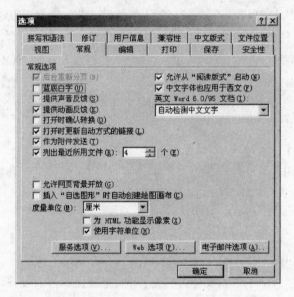

图 2-38　最近使用文件列表数目

5. 给文字加拼音

输入要添加拼音的文字,并用鼠标选中。

(1) 选择"格式"→"中文版式"命令。

(2) 打开"拼音指南"对话框,对"对齐方式"、"字号"等选项进行设置,最后单击"确定"按钮即可,如图 2-39 所示。

6. 关闭语法错误标记

在编辑文件时,Word 会自动对编辑的内容进行拼写和语法检查,当系统认为拼写有错误时,就会自动在该文字下加上红色的波浪线条,而有语法错误时,会自动添加绿色的波浪形下划线(当然在很多情况下,输入并没有出错,它也会产生误报的情况),这些线条在打印时并不会被打印出来。如果不想启用该功能,可以将其关闭。

(1) 在菜单栏中选择"工具"→"拼写和语法"命令打开"拼写和语法"对话框,单击其中的"选项"按钮。

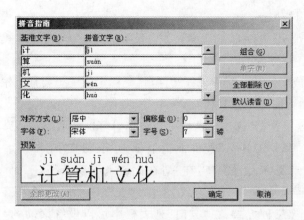

图 2-39　汉语拼音

（2）选择"隐藏文档中的拼写错误"及"隐藏文档中的语法错误"两个复选框，这样便可关闭那些语法检查错误标记，如图 2-40 所示。

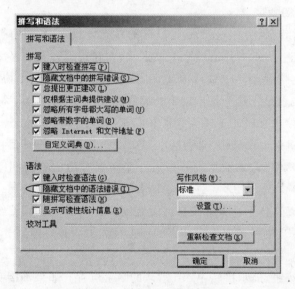

图 2-40　关闭语法错误标记

7. 显示过宽文件

在编辑 Word 文件时，由于有的文档设置得过宽，无法在屏幕上完全显示。这样每次查看文件时都必须拖动水平滚动条来显示其他部分，给阅读增添了麻烦，解决方法如下。

方法一：可以重新调整行的宽度，使其适合窗口的大小。选择"工具"→"选项"命令，打开"视图"选项卡，然后选择"窗口内自动换行"复选框即可。

方法二：还可以改变显示比例，使文件内容自动适于普通视图或页面视图中的窗口。首先选择"视图"菜单栏中的"显示比例"命令，然后选择"页宽"单选按钮即可。此外，还可以将视图切换为 Web 版式，这样文件中的文字就会实现自动换行。

8. 让 Word 文件动起来

通常编辑的 Word 文件都是千篇一律，没有动感。通过下列操作可以使用户的 Word 文档像网页一样动起来。

（1）首先打开或者新建一个 Word 文件，将光标定位于想要插入滚动文字的行。

（2）然后选择"视图"→"工具栏"命令。

（3）单击"Web 工具箱"选项。这样就会在编辑窗口显示 Web 工具栏。

（4）在显示的"Web 工具箱"控件面板上单击"滚动文字"按钮，这时会弹出一个滚动文字设置窗口，在"请在此键入滚动文字"下面的文本框中输入要显示的文字，在"方式"下拉列表框中可以选择"滚动"、"滑行"和"摇摆"三种方式，在"方向"列表框中可以设置滚动的方向为"从左到右"或"从右到左"。此外还可以设置"背景颜色"和"循环次数"。通过调节"速度"下的滑块还可以设置文字的滚动速度。最后单击"确定"按钮即可，如图 2-41 所示。

图 2-41 Word Web

9. 让 Word 自动断字

在给 Word 文档排版时，一般都是把段落的对齐方式设置为两端对齐。可是在编辑英文文档时，如果在一行的末尾有一个单词很长，而在这一行又放不下时，系统就会自带将它移至下一行，这样就会导致该行的文字间距过大，看起来很不协调。这种情况可以通过断字来解决，也就是把这个长单词断开成两部分，中间通过连字符连接起来。

（1）选择"工具"→"语言"→"断字"命令。

（2）在弹出的对话框中选中"自动断字"复选框，为了不至于因为断字而有损版面美观，还可以在"断字区"中输入数据设置最后一个单词右边的空白间距的最大值。在"连续断字次数限为"框中设置最多允许连续几行可以执行断字。

（3）当然也可以选择手动方式来自己设置断字。单击"手动"按钮，系统会寻找所有可以断字的地方，并自动在可以设置断字的地方预先加上连字符。光标闪烁的地方是系统默认的断字位置。

（4）单击"是"按钮，表示接受 Word 默认的断字位置。如果不接受，可将光标移动到合适的位置，再单击"是"按钮。如果有哪个段落不想设置断字，可将光标定位于该段落中，然后右击，在弹出的菜单中选择"段落"选项，再在弹出的对话框中选择"换行和分页"选项卡，选择"取消断字"复选框，最后单击"确定"按钮即可取消该段落的断字设置。

10. 美化工具栏按钮

在拖入一些后加入的工具钮后，系统默认会以文字表示，这样会有损界面美观，有没有办法使它也采用一个图标来替换呢？比如在工具栏上添加一个"自动滚动"工具后，它的名称就为"自动滚动"，没有图标，放在工具栏中文字不仅难看而且占地方。

（1）选择"工具"菜单下的"自定义"命令打开对话框，然后在上述某个按钮上右击，将快捷菜单"命名"后面的文字删除，输入一个不容易看到的字符（如点号"."），如图 2-42 所示。

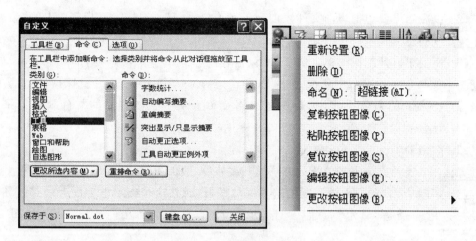

图 2-42　美化工具栏按钮

（2）从快捷菜单中的"更改按钮图标"子菜单下选择一个系统提供的 42 个图标中任意一个，将原来的文字图标换掉即可。如果对 Word 工具栏中的其他图标不满意，也可以按照这种方法进行修改。

11. 添加和删除"工作"菜单

有些用户在别人的计算机 Word 中看到菜单栏上有"工作"这个菜单选项，里面记录着他经常要编辑的文件名，这对于打开文件提供了一种非常快捷方便的方式。

（1）打开"工具"→"自定义"→"命令"选项卡，在类别列表框中选择"内置菜单"项，在命令列表框中用鼠标左键按住"工作"不放，然后拖动鼠标到菜单栏上想放置该选项的位置再放开。这样就可以把任何 Word 文件添加到这个工作菜单的列表中以方便以后的访问了，如图 2-43 所示。

图 2-43　向工具栏中添加"工作"按钮

（2）以后如果要想把当前文件添加到工作菜单里，只需选择"工作"菜单上的"添加到工作菜单"选项。

（3）而要想打开工作菜单上的文件，只需在工作菜单上单击想要打开的文件。如果要把一个文件从工作菜单中移走，则先按 Ctrl＋Alt＋－组合键，这时鼠标指针将变成看起来像一个大大的粗体底线，然后再在工作菜单上单击想要移走的文件就可以了，如图 2-44 所示。

12．取消 Office 助手自动响应

方法一：这种方法也是最笨的方法。只要在弹出的 Office 助手给出的提示问题上单击，这样系统就会自动弹出该问题的解答提示框，这时在这个提示框上面有一排按钮，其中最左边的一个是"显示"按钮，单击它，Word 的整个帮助文件就出来了，如图 2-45 所示。

图 2-44　向"工作"中添加文档　　　　图 2-45　Office 助手的自动响应

方法二：可以右击 Office 助手（如果桌面上没有 Office 助手，可以单击"帮助"菜单栏上的"显示 Office 助手"项），在弹出的菜单中选择"选项"，再取消选择"响应 F1 键"复选框。取消该功能，这样就能在 Word 中直接按下 F1 键打开整个帮助文件了。

13．在 Word 2002 中创建自动图文集

（1）首先，如果要使用自动图文集，必须先打开"记忆式键入"功能。

（2）先选择"插入"→"自动图文集"→"自动图文集"命令，将显示有关"自动图文集"和日期的"记忆式键入"提示复选框单击选中。

（3）选择好需要存储在自动图文集中的文字（或图片），再依次选择"插入"→"自动图文集"→"新建"命令，这时会弹出一个"创建自动图文集"对话框，输入要建立的自动图文集的名字，再单击"确定"按钮。

注意：创建完毕后，以后想使用这个词条，只需在文件中输入自动图文集词条名字的前两个字符就可以了。这时 Word 会自动提示完整的"自动图文集"词条，按下回车键或F3 键即可完全输入该词条了，如图 2-46 所示。

14．自定义扩展名

虽然 Word 文件默认的扩展名为 .doc，但如果想使用指定的扩展名可以进行如下操作。

（1）单击菜单栏"文件"按钮，选择其下的"另存为"选项打开对话框。

（2）将文件名用双引号引起来（注意为英文输入法下的双引号），如："自定义．

图 2-46 自动图文集

elong",然后单击"保存"按钮,Word 就会接受用户输入的文件名,而不再添加另外的扩展名进行保存,如图 2-47 所示。

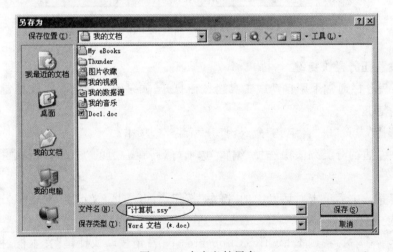

图 2-47 自定义扩展名

15. 定制用户模板路径和工作组

改变用户模板路径和工作组模板路径的操作步骤如下。

(1) 选择"工具"→"选项"命令,打开"文件位置"选项卡。

(2) 单击"修改"按钮,在弹出的对话框中输入相应路径即可。

如果想得到更多关于 Word 模板的信息,可以选择"帮助"菜单中的"Microsoft Word 帮助"命令,在 Office 助手或回答向导中输入"模板概览",然后单击"搜索"就能看到相应主题了。

16．快速恢复 Word 的工作环境

对于 Word 初学者来说，常由于不小心把 Word 的环境给弄乱了，恢复其默认设置步骤如下。

（1）首先关闭 Word。选择"开始"→"运行"命令，输入 Regedit 进入注册表编辑环境。

（2）找到如下键值"HKEY_CURRENT_USER\Software\ Microsoft\Office\9.0\Word\Data"，再把 Data 改为其他名字，例如，可以改为 Data1，最后关闭注册表编辑器再重新启动 Word 即可，如图 2-48 所示。

图 2-48　快速恢复 Word 的工作环境

17．设置任务栏快捷键

Word 任务栏通常采用自动或工具栏按钮打开，如果给它指定一个快捷键，将能够大大提高操作速度。

（1）选择"工具"→"自定义"命令，打开"命令"选项卡。

（2）在左边的分类列表中选择"编辑"选项，然后在右边的"命令"列表中找到"Office 剪贴板"。

（3）将其选中后单击对话框中的"键盘"按钮，打开"自定义键盘"对话框，选中其左边"类别"列表中的"编辑"选项。

（4）然后在右边找到 EditOfficeClipboard，单击"请按新快捷键"文本框，根据需要选择键盘上的键或其组合键（如 Ctrl＋B 组合键）。

（5）完成后单击对话框中的"指定"按钮，将打开的对话框全部关闭。此后再按前面设置的组合键（如 Ctrl＋B 组合键），剪贴板任务窗格就会快速打开，如图 2-49 所示。

18．巧改 Word 度量单位

在 Word 使用中，有时需要用到的度量单位是"厘米"、"英寸"、"毫米"等，而 Word 默认的是"磅"，有什么方法可以随意的改变度量单位吗？

（1）选择"工具"→"选项"→"常规"命令，找到"度量单位"下拉列表框。

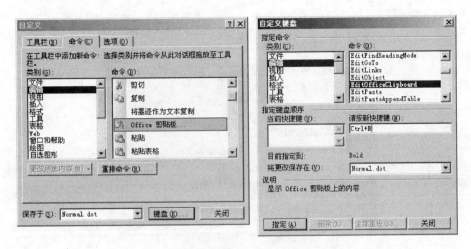

图 2-49 设置任务栏快捷键

（2）单击文本框的下拉按钮（形状为"▼"），在随之出现的下拉列表中根据需要选择适合的度量单位即可，如图 2-50 所示。

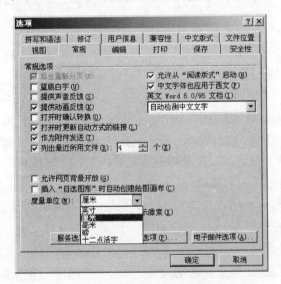

图 2-50 巧改 Word 度量单位

19．找回丢失的菜单

对于 Word 中一些丢失的菜单能不能找回，比如利用 Word"文件"→"发送"→"邮件收件人"命令把 Word 文件作为邮件发出，但有的"文件"菜单下没有"发送"→"邮件收件人"这一命令项，有什么办法可以把它找出来吗？

（1）首先右击工具栏任意处，在弹出的快捷菜单中选择"自定义"命令，然后选择"命令"选项卡。

（2）在左栏"类别"列表框中选择"文件"类别，在右边的"命令"列表框中找到"邮件收件人"选项,用鼠标把"邮件收件人"命令拖到文件菜单中即可,如图 2-51 所示。

注意:此方法也适用于找到其他菜单功能。

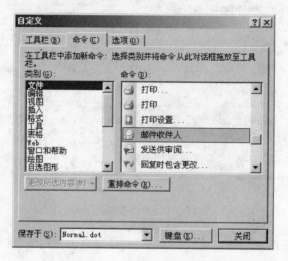

图 2-51　找回丢失的菜单

20. 保存工具栏个人风格

在使用 Office 过程中,很多用户喜欢根据自己的个人习惯来给 Word、Excel 等定义工具栏,如果重新安装 Office,原来定义的工具栏风格将全部丢失,用户必须重新定义。有没有办法避开这一重复操作呢? 其实用户自己定义的工具栏风格保存在扩展名为 .xlb 的文件(可能为隐藏文件)中。因此只要搜索这一类文件并进行备份即可。当 Office 重新安装后,恢复该风格的方法就很简单,只需找到已备份的.xlb 的文件,直接用鼠标左键双击对应的文件名就可恢复用户所喜欢的工具栏风格。

21. 打造个性菜单栏和工具栏

由于习惯不一样,有些用户希望根据个人的特点,复制或移动菜单栏和工具栏。要想实现复制菜单栏或工具栏操作,只需按住 Ctrl+Alt 组合键不放,用鼠标单击任一菜单项或工具栏上某工具按钮,并按住左键不放在菜单栏或工具栏位置进行拖动(鼠标指针为"+"),当松开鼠标左键,即完成复制操作,新的菜单项或工具按钮也就放到了此刻鼠标所在位置。如果只按住 Alt 键,进行同样操作,则可把任一菜单项移到工具栏或把工具按钮移到任一菜单项中。

22. 拼写检查的修改

如果在 Word 中定义了许多需要拼写检查跳过的字或词,那么最好经常备份 C:\WINDOWS\APPLICATION DATA \Microsoft\Proof 中的 CUSTOM. DIC 文件,这样以后重装系统或 Word 时可以将其恢复到原来的位置,从而节省大量时间。另外,如果在定制的字典中加入了错误的词,也可以用记事本打开这个文件,将其从中删除掉即可。

2.5 Word 打印技巧

1. 批量打印 Office 文件

（1）找到这个文件所在的地方后，然后右击该文件图标，在弹出的菜单中会看到一个打印选项，然后选它就可以直接打印了。

（2）如果有很多文件需要同时打印，可以按住 Shift 或 Ctrl 键选取批量文件，然后右击打印，可以省去很多时间，在 Excel 中也可使用，如图 2-52 所示。

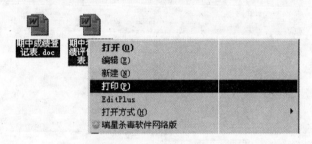

图 2-52　批量打印 Office 文件

2. 使 Word 图片打印更清晰

在打印 Word 中图片时，常发现效果不清晰，在 Word 中，可以对插入的图片进行属性设置，使其以灰度方式打印，这样可以把图片中纯白色部分去除，从而使得打印效果更加清晰。

（1）选择"插入"→"图片"→"来自文件"命令，将图片文件插入后出现"图片属性"窗口。

（2）单击"属性"工具栏的第二个按钮，选择"灰度"选项，或者在图片上右击，选择"设置图片格式"命令。

（3）在"设置图片格式"窗口中选择"图片"选项卡，在颜色下拉列表中选择"灰度"选项即可。

注意：如果是以彩色方式打印，此技巧不起作用，如图 2-53 所示。

图 2-53　使 Word 图片打印更清晰

3. 自适应纸张缩放打印

有些用户需要利用 Word 来制作一些文件,但有时只想打印一个大致效果,为了节约成本而想进行缩放打印,在 Word 2000 以前的版本中,文件编辑与打印使用的纸型必须相同。而在 Word 2000 及 Word XP 中可按如下步骤操作。

(1) 选择"文件"→"打印"命令,在"打印"对话框中单击"按纸张大小缩放"下拉列表,从中选择打印所使用的纸张,如图 2-54 所示。

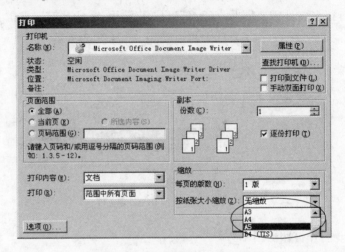

图 2-54　自适应纸张缩放打印

(2) 如果当前页面设置为 A4,而想使用 B5 纸进行打印,可以在下拉列表中选择 B5,Word 会通过缩小字体和图形的尺寸,将 A4 纸型的文件打印到 B5 纸上。反之它会自动放大字体和图形的尺寸,将较小纸型的文件打印到较大的纸张,同时不会发生版式变化。

注意:在 Word 使用过程中,有没有碰到这种尴尬,即按某种纸张大小设置好了版面,却发现与打印纸张大小不一致,此时该怎么办呢? 难道按新纸张大小重新更改版面设置吗? 其实此时也完全不必,同样可利用上面所讲方法在"按纸张大小缩放"下拉列表中选定新打印纸型即可。

4. 在 Word 中进行多版打印

按上面介绍的方法在进行缩放打印时发现一个新问题:有没有办法可以在一张纸上打印多个页面,以更好地节省纸张及观看效果呢?

(1) 打开欲打印的文件,选择"文件→打印"命令打开"打印"对话框,在对话框中单击"每页版数"下拉列表,选择每张纸打印的版数。

(2) 对于 A4 之类的小规格纸张,可选择"2 版"或"4 版"。

(3) 使用 8 开纸时选择"2 版",可以打印"公文"格式的两分栏文件(即在一张 8 开纸上打印两页 16 开文件)。只要打印机的分辨率足够高,甚至可以在 1 张纸上打印 16 版,从而节约大量纸张,如图 2-55 所示。

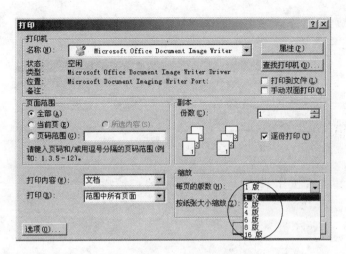

图 2-55 在 Word 中进行多版打印

小提示：Word 2000 以前的版本没有提供多页文件打印到一张纸上的功能，如果有这类打印需要，可以借助 Fineprint 虚拟打印软件完成。

5. 轻松实现文件异地打印

有时需要把家里制作好的 Word 文件带到单位进行打印，但单位的机器没有安装 Word，有没有办法在单位的机器上不安装 Word 的前提下完成打印任务呢？

当然可以，首先在自己的计算机上安装一个和单位的机器相同型号的打印机，然后按以下步骤进行操作。

（1）进入"控制面板"，打开"打印机"进行添加，然后按提示放入打印机安装盘进行安装即可。

（2）接下来打开要带到单位打印的 Word 文件，选择"文件"→"打印"命令打开对话框。

（3）选中其中的"打印到文件"复选框，单击"确定"按钮后弹出"打印到文件"对话框，在其中输入文件名并选择保存位置，如 D:\文件.prn，完成后再单击"确定"按钮。接下来把该文件复制到单位计算机上（如 C: 盘根目录下）。

（4）在 MS-DOS 窗口提示符号后输入命令"copy c:\文件名.prn prn/B"，即可将编辑好的 Word 文件打印出来，如图 2-56 所示。

6. 轻松进行选择打印

在 Word 中，可以根据页码范围进行打印，但究竟是如何操作呢？

（1）打开要选择打印的文件，选择"文件"→"打印"命令，在打印窗口"页面范围"下便可进行打印页面选择，如只打印该文件第 1 页及第 5 页，则可在"页面范围"栏直接输入"1.5"。

（2）单击"确定"按钮便可打印第 1 页及第 5 页。而利用短横线可起到起始页至终止页的作用，如输入"2-10"，则会打印第 2 页至第 10 页；并且可对多个连续页中用逗号进

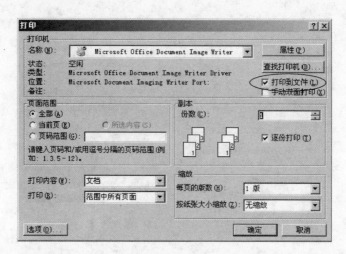

图 2-56　轻松实现文件异地打印

行分隔,如打印第 3~7 页和第 9~11 页,可输入"3-7,9-11"。

(3) 如果只要打印某节文件,则可按"S节号"的格式输入指令,例如"S3"表示打印第 3 节。对于不连续的节,仍然用逗号加以分隔,如"S2,S6"表示打印第 2 节和第 6 节。若打印一节内的某页,可输入"P 页码 S 节号",例如"P5S3"表示打印第 5 页的第 3 节,"P3S2-P4S5"表示打印第 3 页的第 2 节至第 4 页的第 5 节。如果仅仅打印文件的某一部分,可以将该部分先选中,选择"文件"→"打印"命令打开"打印"窗口,在"页面范围"下选择"所选内容"复选框,再单击"确定"按钮进行打印即可。

7. 任意调整文字打印方向

在打印一些文件的文字内容时为了追求美观需按非常规的方式来打印,比如需要将文字信息旋转一定的角度再打印到纸上,该怎么实现呢? 其实要实现这种旋转打印文字信息是办得到的。可以通过把文件信息转换成图片的形式,然后再设置旋转该图片,最后打印的效果是一样的。

(1) 首先选择要打印的文件信息,单击"复制"按钮,然后再选择"编辑"→"选择性粘贴"命令。

(2) 在弹出的"选择性粘贴"对话框中选择"图片"格式,单击"确定"按钮,将内容粘贴到文件中。这样,刚才选定的文件信息就转换成了一张图片,可以通过"绘图"工具箱对其进行任意的调整(当然也包括旋转),设置好后再进行打印即可得到不错的效果,如图 2-57 所示。

8. 如何实现双面打印

要实现在同一张纸上双面打印,并且反面内容不会因为装订而被遮挡,这就要求正反两面的宽度不能设为一致,要使其中一侧的宽度比另一侧宽一些以便装订。

(1) 首先选择"文件"→"页面设置"命令,在弹出的设置对话框中,主要是对"页边距"选项卡中内容进行设置,因为它决定了能否进行双面打印。

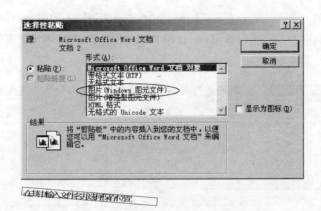

图 2-57　任意调整文字打印方向的设置及效果图

（2）对页边距中的上、下、内侧、外侧、装订线等值进行设置，内侧、外侧一般可以按默认的，装订线的值一般为 1～1.5 厘米左右，也可根据纸张和用户的要求来具体设置。

（3）选择"对称页边距"复选框。使其处于启用状态，这样双面打印的页面设置完毕，如图 2-58 所示。

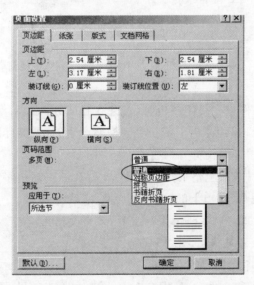

图 2-58　对称页边距

（4）单击"文件"→"打印"→"设置"按钮进入打印设置窗口，在其中选择双面打印。需要注意的是由于激光打印机出纸的顺序的不同，在设置时也要有所区别，如使用打印机为上出纸，要进入"选项"设置，在"双面打印"选项中，将"打印顺序 2"选中。如果使用下出纸，就不要进行该步设置。通过打印设置后，就可实现上述的双面打印效果了。

9. 即时取消后台打印

一般来说，当执行了打印命令后，系统会自动将打印任务设置为后台打印，同时在状态栏上出现打印机图标，打印机图标旁边的数字显示的是正在打印的页的页码。如果想要取消该操作的话,只要用鼠标右键双击打印机图标打开"打印"窗口,在要取消的打印项上右击,选择"取消打印"选项即可,不过动作得快,要赶在打印机真正开始打印之前才行,一般也就在10秒之内,如图2-59所示。

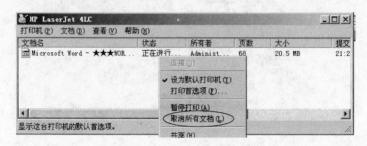

图 2-59　即时取消后台打印

注意:另外也可把打印机的联机关闭(关闭打印机电源),使其处于未联机状态,稍等便会弹出一个对话窗口,从中单击"取消"按钮即可取消打印操作。

10. 自动按纸张大小调整打印

若在打印时想让 Word 配合纸张大小,自动进行调整页面大小进行打印。可以按以下步骤进行操作。

(1) 选择"文件"→"打印"命令。

(2) 在"缩放"选项区中选择"按纸张大小缩放"即可把多页文件打印在一张纸上。

11. 减少多余页

在编辑好 Word 文件进行打印多份时,总会在打印完两页后产生一张白页。查看文件内容,发现空白页(无内容)是由于前一个表格而产生的,其实可以去掉这一张空白页。

(1) 选择"文件"→"打印预览"命令。

(2) 单击工具栏中的"缩至整页"按钮,Word 就会通过缩小字号等方法消除孤行,如果不满意,可以单击"编辑"菜单下的"取消缩至整页"命令还原。

注意:也可尝试采用这种方法来去掉空页,只需要把插入点移到文件的最后一段,把这一段的行间距设置为固定值"1"就可以了。

12. 消除 Word 打印文件时的空白页

在用 Word 2000 打印文件时,最后有时会出现一张空白页,但文件中最后并没有空白页,出现这种情况是因为最后一页可能存在空白段落。

单击常用工具栏上的"显示/隐藏编辑标记"选项,显示段落标记。这样文件最后一页中的文字的段落标记会显现出来,删除它即可。然后再单击"打印预览"按钮,预览打印出的文件的外观,确保在文件结尾没有空白页即可,如图2-60所示。

图 2-60　显示/隐藏编辑标记

13. 页面版式精确打印

在打印时有时会发现用 Word 打印出的页面版式有误，与设置的版式有明显差别。出现这种情况很可能是因为在打印用其他语言版本编辑的 Word 的文件，并且文件的纸张大小也与当前打印机的要求不同。要使 Word 为文件设置格式，并使其符合所用打印机的纸型，应选择"文件"→"打印"命令，在"缩放"选项区中的"按纸张大小缩放"下拉列表框中选择所用纸型。

这样 Word 将会自动调整页面使其适合所用的纸型。如果想要在每次打印时都以这种方式调整文件比例，可选择"工具"菜单中的"选项"命令，然后选择"打印"选项卡，选中"允许重调 A4/Letter 纸型"复选框即可。

14. 巧妙隐藏不需打印的部分文本

在 Word 打印过程中，有时候不想打印其中的某一部分文本，又不能把它删除。可以进行如下操作，如图 2-61 所示。

图 2-61　隐藏不打印的文字

（1）选中要隐藏的文本。

（2）单击工具栏上的"隐藏"按钮。

如果要取消该隐藏，只要重复前面的步骤就可以了。

15. 打印隐藏的文字

对于已设置为隐藏的文字，如果想在不更改其属性的情况下，能否打印出这些被隐藏了的文本呢？选择"工具"→"选项"命令打开"选项"对话框，然后在"打印"选项卡中选择"隐藏文字"复选框，再单击"确定"按钮即可，如图 2-62 所示。

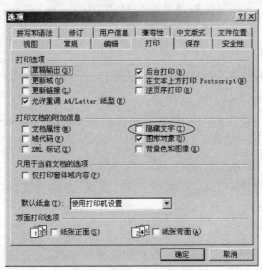

图 2-62　打印隐藏文字

2.6　Word 启动技巧

1. 让 Word 当翻译

在平时处理文件时,如果碰到一些不知其意的英文单词,可以使用 Word 当翻译。

(1) 选择"工具"→"语言"→"翻译"命令。

(2) 然后在"文字"栏输入要翻译的英文单词,如图 2-63 所示。

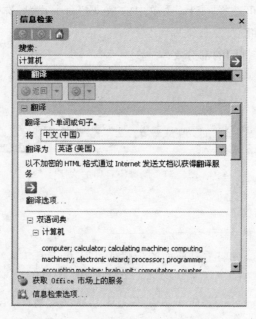

图 2-63　Word 翻译

(3) 并在"词典"栏选择好要翻译的类型,如"中文(中国)到英语(美国)",最后按回车键即可在"结果"栏得到该英文单词的含义。

2. Word 中直接启动 Outlook

有时因工作需要而想在 Word 中完成文件后,立即启动 Outlook 来进行设置发送,可以在 Word 中直接调用 Outlook。

(1) 在 Word 中选择"工具"→"自动更正选项"命令打开"自动更正"对话框,在"自动套用格式"选项卡中选择"Internet 及网络路径替换为超级链接"选项。

(2) 然后在文件中输入 Outlook:inbox,按回车键,此时该文字下方出现下划线,用鼠标双击该链接,即可启动 Outlook 的收件箱。按照这种方法,输入 Outlook:contacet 或 Outlook:calendar 则可打开 Outlook 的联系人和日历。

3. Word 启动技巧

Word 在启动时可以利用一些参数对其加以更多控制。

(1) 选择"开始"→"运行"命令。

（2）然后输入 Word 所在路径及参数单击"确定"按钮即可运行，如"C：\ PROGRAM FILES \MICROSOFT Office \Office 10\ WINWord. EXE/n"，这些常用的参数功能如下。

/n：启动 Word 后不创建新的文件。

/a：禁止插件和通用模板自动启动。

/m：禁止自动执行的宏。

/w：启动一个新 Word 进程，独立于正在运行的 Word 进程。

/c：启动 Word，然后调用 Netmeeting。

/q：不显示启动画面。

另外对于常需用到的参数，可以在 Word 的快捷图标上右击，然后在"目标"项的路径后加上该参数即可。

2.7　Word 与 Web 技巧

1. Word 巧制 Web 网页

网页其实是由超文本标记语言（HTML）来定义的，使用 Word 可以快速制作初级的 Web 网页。

（1）首先在 Word 中输入并设置好想制作的网页。

（2）选择"文件"→"保存"命令（或单击工具栏上的"保存"图标按钮），在弹出的窗口下端"保存类型"下拉列表中选择"Web 页"选项，然后输入文件名并设置好保存的目录，再确定保存即可，如图 2-64 所示。

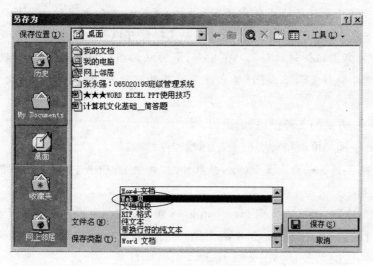

图 2-64　用 Word 制作网页

2. Word 中自动滚动翻页

有些用户常在 Word 中阅读资料文件，其实可以在 Word 中设置出像 Readbook 那样的自动翻页功能。

（1）首先选择"视图"→"工具栏"→"自定义"命令，在打开的对话框中，选择"命令"选项卡中的"所有命令"选项，此时在右边便会列出这些所有命令的详细信息选项，从中找到 AutoScroll，如图 2-65 所示。

图 2-65　自动选择 IE 方式的文件前进（后退）

（2）利用鼠标将该命令直接拖至工具栏上，以后在阅读长文件并需进行自动滚动翻页时，可单击该按钮，然后向上或向下移动鼠标便可进行滚动翻页。

注意：或者在"类别"下选择"工具"选项，然后在"命令"下找到"自动滚动"选项，并将其拖入工具栏即可。以后在需要滚屏时，可单击"自动滚动"按钮，鼠标指针就会进入竖直滚动条。若将三角形指针放在滚动条上半部，页面自动向上滚动。若将倒三角形指针放在滚动条下半部，页面自动向下滚动，单击鼠标就可以将自动滚屏功能关闭。如果想停止页面滚动，只需将指针放到滚动条中部（成为双向指针）即可。上述情况下的屏幕滚动速度可以用指针位置调节，指针越靠近滚动条两端速度越快，反之越慢。对于阅读长文件是相当方便的。

3. 选择 IE 方式的文件前进（后退）

在 Word 中同样可以增加类似 IE 的前进与后退按钮。

（1）选择"工具"→"自定义"命令，在打开的"命令"选项卡中，选中"类别"列表框中的"所有命令"选项。

（2）在"命令"列表框中找到 Nextwindows 按钮，按上面的方法拖入工具栏，以后只要打开了多个文件，单击 Nextwindows 按钮就会跳到下一个文件，而 Prevwindows 按钮则可返回前一个文件，效果如图 2-66 所示。

图 2-66　前进与后退按钮

2.8 Word 文件操作技巧

1. 简体与繁体中文快速转化

有些用户常需输入繁体文字(或者把简体文字的 Word 文件转换成繁体文字的 Word 文件),可以使用以下办法轻松完成。

(1)首先打开要转换的文件,选择"工具"→"语言"→"中文简繁转换"命令打开转换窗口。

(2)然后根据需要在转换方向下选择转换方式,最后单击"确定"按钮便可快速完成文件语言转换,如果在确定前选择"转化时包括词汇"复选框,Word 在转换时会自动地根据两地语言的习惯进行翻译,转换完成后再进行保存,这样便可根据需要得到简体中文信函或繁体中文信函了,如图 2-67 所示。

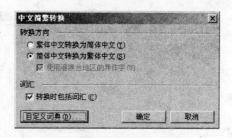

图 2-67 简体与繁体中文快速转化

说明:中国大陆采用的是 GB 码,而中国台湾采用的是 BIG5 码(即大五位码),虽然现在市面上有许多 GB 与 BIG5 码转换软件,能够在这两种编码之间相互转换,但只能进行"直译"。然而在 Word 中,却可轻松做到"两地通"。

2. 如何加快文件操作

在 Word 中确实有很多的快捷键帮助用户快速进行操作,在对文件操作时,常用的快捷键有以下几个。

(1)Ctrl+N:建立一个 Word 默认模板的新文件(若要建立其他模板文件的新文件,可选择"文件"菜单下的"新建"命令,再从模板选择框中进行选择)。

(2)Ctrl+O:快速打开文件(它相当于选择菜单栏"文件"→"打开"命令操作)。

(3)Ctrl(或 Shift)键配合选取:一次打开多个文件(在打开对话框中每次只能选择一个打开,若要一次打开多个文件,可利用 Ctrl 或 Shift 键选择,完成后再单击"打开"按钮)。

(4)Alt+F+1(或 2、3、4):快速打开最新编辑过的 4 个文件(相当于选择"文件"命令,再从其下选择最近打开的四个文件)。

注意:如果要在"文件"菜单下显示更多最近打开过的文件,可选择"工具"→"选项"命令,再在选项对话框中选择"常规"选项卡,在"列出最近使用文件数"选项中便可设置显示的数目,但最多只能设置为 9 个。

(5)Ctrl+F6:在打开的文件中循环切换。

(6)F12:快速把当前文件另存为其他文件。

(7)Ctrl+F4(或 Alt+F4):关闭当前文件,若还没进行保存,弹出确认框选择是否保存。

3. Word 文档的修复

在 Word 2003 或更高版本下编辑保存的文档,可以在 Word 2000 下打开并编辑,但保存后若在高版本的 Word 下则不能打开,会出现错误提示。通过以下方法可以解决上述问题。

(1) 在 Word 2003 下新建一个文档。

(2) 选择"文件"→"打开"命令,出现"打开"对话框,选择不能打开的文件。

(3) 单击"打开"按钮右边的下拉按钮,选择"打开并修复"选项即可打开不能打开的文档,如图 2-68 所示。

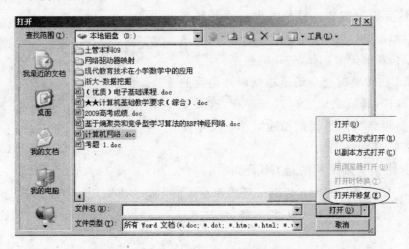

图 2-68　Word 文档的修复

4. 恢复字体所见即所得功能

首先选择"工具"→"自定义"命令,在"自定义"对话框中选择"选项"选项卡,选择"其他"选项区中的"列出字体名称时显示该字体的实际外观"复选框,如图 2-69 所示,完成后关闭自定义窗口,此时再打开"字体"列表,字体的实际外观又可显示了。

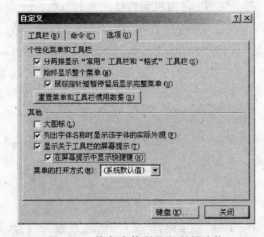

图 2-69　恢复字体所见即所得功能

5. 给文件嵌入字体

用户可能会常遇到这种情况：自己花了很多精力制作的 Word 文档在对方计算机上显示不了格式化后的字体，这是因为没有安装所使用的字体，字库是属于系统资源而存在的。

如果使用了一个对方系统上没有的字库，则 Windows 会自动以系统默认的字库来代替，原先的效果就会大减。但在 Word 中有一项嵌入字体技术，它能够将一篇文件和这篇文件所包含的字体结合成一个文件，以便传输到另一台计算机上。

（1）打开要嵌入字体的文件，选择"工具"→"选项"命令。

（2）选择"保存"选项卡，选中"嵌入 TrueType 字体"以及"只嵌入所用字符"复选框即可。

6. 快速启动屏幕保护程序

快速启动 Windows 屏幕保护程序，不但可以保护屏幕，同时还可利用屏保的密码功能避免他人偷看文件内容。其实在 Office 2000 安装成功后会在安装文件夹中产生一个 osa9. exe 文件，运行时给它加上一个"-s"参数就可以立即启动屏幕保护程序，操作步骤如下。

（1）首先在桌面上右击，新建一个快捷方式，并在命令行方式输入"C：\Program Files\ Microsoft Office\ Office\OSA9. EXE"-s（路径可以根据具体情况进行更改）。

（2）修改快捷方式名称为"快速启动屏保"，以后便可双击该快捷方式运行屏保。

注意：如果 Windows 系统中没有设置屏保护程序，则运行此程序后会弹出警告窗口，此时可在显示属性窗口中进行设置。

7. 给 Word 文件减肥

也许大家不知道，Microsoft Word 在存 DOC 文件时只是把一些后来的信息存入，这样就会出现哪怕删除了文件中的内容也会使它的文件越来越大的情况。根据它的这种特性，可以通过以下四种方法来为它减肥。

（1）另存法

在编辑的 Word 文件中，只要使用"另存为"命令，Word 则会重新将信息进行整理存盘，这样会使文件的容量大大减少。

（2）选项法

使用第一种方法每次都要"另存为"，比较麻烦。其实只要打开 Word，选择"工具"→"选项"命令，再选择"保存"选项卡，在设置窗口中取消选择"快速保存"复选框，以后 Word 就会在每次保存文件时自动进行信息整理并存盘，这样便可达到"另存为"方法的效果。

另外，如果使用了 Word 的嵌入字体技术，则在选中"嵌入 Truetype 字体"后，还应选中"只嵌入所用字符"复选框，否则 Word 会把所用到的 Truetype 字体统一"打包"，增加文件的容量。

（3）"虚假"法

在保存之前，打开"文件"菜单下的"页面设置"对话框，然后用鼠标任意单击几下其中的"纸张"、"页边距"等选项卡（其中的内容可以不改动），单击"确定"按钮后再保存。通过这一系列的假动作，会发现文件也莫名其妙地变小了。

（4）RTF 文件法

大家知道如果把 Word 文件保存为文本文件，那毫无疑问文件肯定会小很多，但关键是保存成了文本文件后，其中的格式会丢失。而试着另存为 RTF 格式的文件后，不但格式完好如初，而且能够被许多 Windows 应用程序所支持，同时容量也大大地减少了。

2.9 Word 兼容技巧

1. 让 Word 2000 与 Word XP 共存

对于 Word 2000 与 Word 2003 不兼容的问题确实有很多用户都感到头痛，在安装最新版本的 Word 2003 时，系统总会先删除以前的版本，这样就无法使得 Word 2000 与 Word 2003 共存。但用户可以使用一些技巧来突破这个限制：在安装 Word 2003 时不选择 Upgrade Now 选项，而是选择 or choose an install type 选项，并选择 complete 选项，注意把安装文件夹更改至 Office 下，这与原先安装 Office 2000 安装文件夹不相同；在弹出的下一步窗口中选中 Removing Only The following applications，并取消选中的所有选项；然后为 Word 2000 和 Word 2003 中的 WinWord.exe 各建立一个快捷方式，使用时选择快捷图标运行即可。

注意：有时可能会出现一个正在安装 Office 的窗口，不用理它，过一会儿即可正常使用。

2. Word 中批量转换文件

如果有多个文件需要转换，而采用"打开"→"另存为"命令的方法会很烦琐。其实在 Word 中提供了批量转换文件的功能。操作步骤如下。

（1）选择"文件"→"建立新文件"命令，打开"新建"对话框（注意不能单击快捷栏上的"新建"图标或直接按 Ctrl＋N 组合键，这样 Word 会使用其默认模板建立一个新文件）。

（2）在右侧"根据模板新建"下选择"通用模板"（而在 Word 2000 中会直接打开"新建"对话框，因而不需上步的选择）。

（3）然后在模板窗口中选择"其他文件"选项卡，用双击其中的"转换向导"项目，如果机器中没有安装此模板，系统会自动启动 Office 2000 或 2003 的安装程序，并会提示插入 Office 安装源光盘，再根据向导完成转换向导安装即可，然后利用该转换向导便可把要转换的 Word 文件转换成纯文本格式，如图 2-70 所示。

注意：利用转换向导可以将 Word 2000/2003 中所有支持的文件格式批量相互转换，包括 RTF 文件、Web 页文件、WPS 文件、Lotus1-2-3、Microsoft 工作表、Outlook 工作簿表。

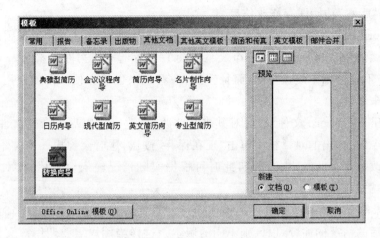

图 2-70 Word中批量转换文件

3. 让 Office XP 支持 Acrobat 5

在安装完的 Office 2003 中,菜单栏上是没有 PDF 相关菜单项的,因而也无法生成 PDF 文件。不过如果将 Acrobat 5.0\PDFMAKER 下的 PDFMAKER. DOT、PDFMAKER. PPA、PDFMAKCE. XLA 复制到 Office 10\STARTUP 文件夹中,并将 ACROBAT 5.0\ PDFMAKER\ Office 2000 中的 PDFMExcel. DLL、PDFMPOWERPOINT. DLL、PDFM Word. DLL 复制到 Office10 文件夹中,然后启动 Office 2003,它会询问是否使用宏,单击启用宏,此时就会发现,ACROBAT 5.0 被添加到了菜单栏中了,这样就可以非常方便地使用 Word 来生成 PDF 文件了。

4. 巧用"插入文件"功能合并多个文件

(1) 首先打开源文件,然后选择"插入"→"文件"命令。

(2) 在弹出的对话框中输入要插入的文件即可。如有多个文件,则可以按住鼠标左键拖动全部选中,可以一次性全部完成,如图 2-71 所示。

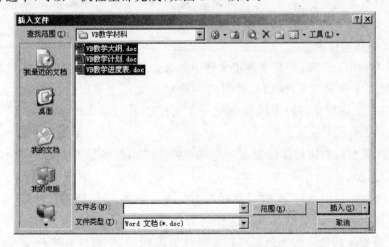

图 2-71 巧用"插入文件"功能合并多个文件

5. 巧用"版本"功能保存修改信息

在用 Word 编辑文件时,有时要经常对文件进行改动,可是又必须要保留改动前的内容。通常的做法是每改一次就用一个文件名将它保存起来。可是这样做却使文件越来越多了,这样不仅占用了硬盘空间,而且管理、查看起来也不方便。可以使用 Word 中的"版本"功能来解决。

(1)打开一篇 Word 文件,然后对其进行修改,修改完成以后,选择"文件"菜单栏中的"版本"命令,在弹出的对话框中单击"现在保存"按钮,这时会弹出一个文本框,要求输入对当前修改要保存的版本的注释,此时可根据实际情况输入,如 Word XP,最后单击"确定"按钮就完成了。

(2)如果需要再次修改重复上述操作即可。但要注意在输入版本注释时,最好加入对各次修改后的情况的注释,以区别不同的版本。这样当用户需要调用该文件的早期修改版本时,就可以再次选择"版本"命令,通过"查看注释"就可以更准确快捷地找到想要的文件。最后单击"打开"按钮即可,如图 2-72 所示。

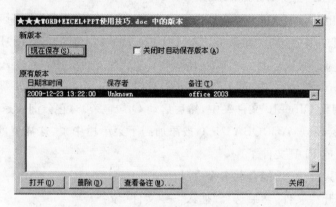

图 2-72　巧用"版本"功能保存修改信息

注意:如果在弹出的"版本"对话框中选择"关闭时自动保存版本"复选框。这样当每次修改完一个文件,在保存关闭该文件时,系统会自动为此次修改建立一个备份版本。

6. 同文件双窗口浏览

在编辑 Word 文件时,经常要参考文件中的某部分来修改另一部分,可是由于文件太长,而且两处文字相隔太远,所以修改时要不停地在文件中来回切换位置。其实遇到这种情况时,可以使用两个窗口来同时浏览一个文件的不同部分,实现在多个窗口打开浏览同一个文件。

(1)先找到窗口右边可使滚动条向上移动的黑三角形按钮上方的一个小横杠(这个是文件分隔标记)。

(2)移动鼠标指向该标记,这时鼠标就会变成一个上下可以移动的指示箭头,然后双击,当前窗口就会分为上下两部分。这样就可以在其中一个窗口显示要查考的段落,另一个定位于要修改的段落。当然还可以拖动该分隔标记,把窗口分成两个大小不同的窗口。如果修改完成,只要再双击两个窗口中的分隔条就可以恢复到一个窗口模式。这样对照编辑就很方便了,如图 2-73 所示。

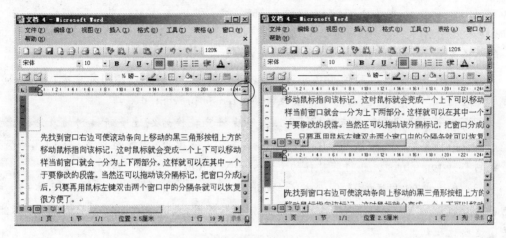

图 2-73　同文件双窗口浏览

7. 通配符的使用技巧

通配符用户可能并不怎么看重它,可是熟练使用它,可以得到很多意想不到的收获。下面介绍一些常用的通配符及其使用方法。

"?":该通配符可以用来代表任意单个字符,一个"?"只能代表一个未知字符。如果要查找不止一个字符,可以用多个"?"来通配表示。

"*":该通配符可以用来代替任意多个字符。比如"*n",系统就会自动找出所有以 n 结尾的单词或字符集,而不管它前面有多少个字符。

"<":该通配符可以表示单词的开头。如输入"<(th)",系统就会查找到以 th 开头的单词,如 think 或 this,但不查找 ether。

">":该通配符可以表示单词的结尾。如输入"(er)>",系统会自动查找以 er 结尾的单词,如 thinker,但不查找 interact。

"[x1x2...]"(x1,x2 表示任意字符):该通配符可以指定要查找该括号内(x1,x2...)的任意字符。如输入"m[ae]n",则系统会查找 man 和 men。

"[x1-x2]"(x1,x2 表示任意字符):该通配符可以设置指定范围(x1 到 x2 之间,包括"x1"和"x2")内任意单个字符。如输入[r-t]ight ,则系统会查找 right 和 sight(即在 r 和 t 之间的任意单个字符)。需要注意的是,括号内的字符要按升序的方式来排列。如不能输入"[t-r]ight"来表示该范围。

"[!x1-x2]"(x1,x2 表示任意字符):该通配符可以设置括号内指定字符范围(x1 到 x2 之间,不包括"x1"和"x2")以外的任意单个字符。如输入"t[!a-m]ck",则系统就会查找到 tock 和 tuck,但不查找 tack 和 tick。

"{n}"(n 表示正整数):该通配符表示 n 个重复的前一字符或表达式。如输入"ro{2}m"查找 room,但不查找 rom。

"{n,}"（n 表示正整数）：该通配符表示至少 n 个前一字符或表达式。如输入"fe{1,}d"，则系统会查找 fed 和 feed。

"{n,m}"（n,m 表示正整数）：该通配符表示 n 到 m 个重复的前一字符或表达式。如输入"20{1,3}"查找"20"、"200"和"2000"。

小提示：在使用过程中需要注意以下四个方面。

（1）在使用通配符时可使用括号对通配符和文字进行分组，以指明处理次序。例如，可以通过输入"<(pre)*(ed)>"来查找 presorted 和 prevented。

（2）可使用"\n"通配符来搜索表达式，然后将其替换为经过重新排列的表达式，例如，在"查找内容"框输入"(Newton)(Christie)"，在"替换为"文本框输入"\2\1"，Word 将找到 Newton Christie 并将其替换为 Christie Newton。

（3）在选中"使用通配符"复选框后，Word 只查找与指定文本精确匹配的文本（请注意，"区分大小写"和"全字匹配"复选框会变灰而不可用，表明这些选项已自动选中，不能关闭这些选项）。

（4）如果要查找已被定义为通配符的字符，请在该字符前输入反斜扛(\)，例如，要查找问号，可输入"\?"。

8. 多个文件一次关闭

在编辑 Word 文件时经常要打开好多的文件，可在结束时要逐个单击 Word 的"关闭"按钮来关闭它们，这实在太麻烦了。可以按住 Shift 键的同时，再单击"文件"菜单。这时会发现原有的"关闭"选项已变为"全部关闭"，单击它就可以一次性关闭多个文件了，如图 2-74 所示。

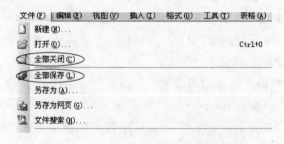

图 2-74　多个文件一次关闭

9. 一次性保存多个文件

在打开了多个 Word 文件时，可以一次性在 Word 环境下全部保存好，以避免一个个保存的麻烦。

操作步骤：按下 Shift 键，然后单击"文件"菜单，这样在下拉菜单中会多出来一个"全部保存"命令，单击它可以一次性保存所有已打开的文件，如图 2-74 所示。

10. 为多个相关文件建立超级链接

在处理 Word 文件时，有时要参考其他 Word 文件、PowerPoint 文件或 Excel 文件中的内容，可是每次都要先打开这些文件，可用文件之间的链接实现。

实现方法有两种：

方法一：首先请打开源文件和目标文件，然后重新设置这两个程序窗口的尺寸，使它们同时可见。在目标文件选择要链接的文本、图片或其他内容，然后用右键将选定内容拖至源文件要建立超级链接的位置，这时就会弹出一个菜单，选择"在此创建快捷方式"选项，这样就再次建立了超级链接，如图 2-75 所示。

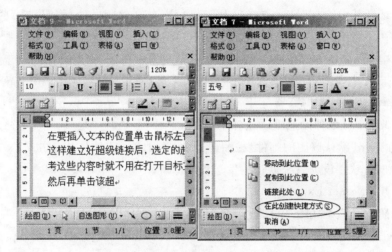

图 2-75　为多个相关文件建立超级链接

方法二：要建立这种超级链接还可以通过粘贴的方式来实现。首先复制好要链接的文本内容，再在要插入文本的位置单击，然后选择"编辑"→"粘贴为超链接"命令即可，建立超级链接的内容就会以蓝色字体显示在源文件中。在要查看整个目标文件的内容时，可以按住 Ctrl 键，然后再单击该超级链接，系统就会自动打开该目标文件。

11. 巧设置隐藏书签

有时在 Word 中要对一篇很长的文章进行编辑时，需要使用在文中的一些特定的内容来参考。可是又不记得它们在什么位置了，而查找起来又非常困难，其实可以使用隐藏书签来标记它们，把它们放在想要的任何地方。

（1）首先在文件中要插入书签的位置单击鼠标，然后选择"插入"→"书签"命令，在弹出的"书签"对话框中给该书签命名，最后单击"添加"按钮完成。

（2）当想使用或是查找这个书签时，可以使用"编辑"→"查找"命令来打开"查找和替换"对话框，选择"定位"选项卡，然后在"请输入书签名称"文本框中输入书签名，最后单击"定位"按钮系统就会自动跳转用书签标记过的内容了。

12. 快速翻页

在使用普通鼠标浏览 Word 长文件时可以使用如下技巧来做到快速翻页。

（1）首先把指针移到右侧的垂直滚动条上，再按下鼠标左键不放，并对滚动条按需要向上或向下拖动，滚动块旁边的提示框便会显示页码和标题等信息，页面内容也会随之上下滚动。

（2）当显示的页码为想要移到的页码时松开鼠标左键即可。这种方法对根据页码或标题查找文件非常适用。

13. 打开文件也有技巧

（1）单击 Word 工具栏中的"打开"按钮，将"打开"对话框中的文件选中。单击"打开"下拉按钮，即可看到一个打开方式菜单。

（2）若选择其中的"以只读方式打开"选项，则对文件所做的任何修改只能以"另存为"方式保存，不能直接修改并保存原文件。

（3）选中"以副本方式打开"，则系统会在原文件所在目录"克隆"出一个副本。

（4）如果在"打开"对话框中选中了"Web 页"或 URL，则菜单中的"用浏览器打开"命令有效，选择该命令可用浏览器打开 Web 页或拨号连接到某个 Web 站点。

14. 更改 Word 邮件发送默认软件

要改变 Word 默认调用的邮件发送程序来发送邮件，只要在 Internet Explorer 中将使用的邮件发送软件设为系统默认的发送程序即可。

（1）打开 Internet Explorer。

（2）选择"工具"→"Internet 选项"命令，再选择"程序"选项卡。

（3）将正在使用的邮件发送软件设为系统默认 E-mail 程序。

15. 妙用剪贴板进行替换

可进行图形或特殊字符的替换，这是利用剪贴板来进行操作的，因为在 Word 剪贴板中的最后一项内容可以参与替换。

（1）打开"查找和替换"对话框，将光标停留在"替换为"框内，单击"高级"按钮展开选项卡。

（2）单击下面的"特殊字符"按钮，在 Word 2000 中可从菜单中直接选择"剪贴板"，而对于 Word 2003 则可从中选择相应类型，最后单击"替换"按钮即可。

16. 快速打开 Word 格式文件

快速打开 Word 格式文件还有以下方法可以使用。

第一种是：如果 Word 已经开启，可以直接将要打开的 DOC 文件图标用鼠标左键按住并拖动到 Word 窗口中再放开，凡是 Word 支持插入的对象都可以这样做（图形内容）。

第二种是：如果 Word 还没有启动，那么如果在桌面或者快捷工具栏上有 Word 快捷方式的图标的话，可以把这个 DOC 文件的图标拖到 Word 快捷方式的图标上，Word 会立即启动并直接开启这个文件，这种方法相当于把两步操作只用一步完成，当然更快捷。

17. 用 Word 打开 WPS 格式的文件

如果要对 WPS 格式的文件进行编辑，且使用的计算机上没有安装 WPS Office 系统，可以利用 Word 来打开 WPS 文件进行编辑，大家知道 WPS 可以打开 Word 格式的文件，其实 Microsoft Office 中也附带了 WPS 的转换器，它可以将 WPS 格式的文件导入到 Word 中进行编辑，但是它不是默认的安装选项。如果要安装这个转换器，可以在第一张安装盘上找到\pfiles\common\msshared\textconv\文件夹（其中有相当多的文件转换器），运行 wps2Word.exe 即可。当重新启动 Word 2003 并单击"文件"菜单中的"打开"命令时，就会在"文件类型"列表框中找到 WPS DOS file 导入和 WPS file（＊.WPS）项，利用这一转换器便可以打开 WPS for DOS、WPS 97 和 WPS 2000 的所有文件，并且会保留原文件的大部分格式信息和嵌入对象。

18. 快速获取帮助信息

要想快速获取帮助信息，可以利用 Shift＋F1 组合键（或使用"帮助"菜单下的"这是什么"命令），光标就会变成一个带有箭头的问号形状。用它单击文件中的文本或图片，就会显示有关格式信息的对话框。如果用它单击 Word 2003 窗口中的元素（如工具栏按钮或标尺等），可以看到关于它的功能描述，使用结束后按一下 Esc 键，即可恢复光标的正常功能。

19. 五秒钟输入 3 万个汉字

其实这是利用了 Word 中一个彩蛋做到的。首先新建一个 Word 文件，然后输入："＝Rand(200,99)"（双引号不用输入，同时括号及逗号都需采用半角），回车后再选择"工具"→"字数统计"命令即可。

20. 窗口元素使用技巧

Word 窗口由若干窗口元素构成，如工具栏、标尺和状态栏等。用鼠标左键双击它们能执行许多操作。

（1）双击 Word 水平或垂直标尺的空白处，可以打开"页面设置"对话框。

（2）双击水平标尺两端的某个缩进标记，可以打开"段落"对话框。

（3）如果在水平标尺上设定了制表符，只要双击它，就可以打开"制表位"对话框。

（4）双击状态栏上的任意位置，可以打开"查找和替换"对话框。

（5）鼠标双击工具栏右端的空白处，可以打开"自定义"对话框。调整工具栏或增减其中的按钮，以满足自己的要求。

2.10 Word 快速操作技巧

1. Word 快捷键列表巧妙查

可以利用以下两种方法快速得到快捷键列表。

第一种方法：按下 F1 键，在弹出的帮助系统的搜索窗口中输入"快捷键"三个字，单击"搜索"按钮，就会弹出搜索结果列表。在列表中单击"键盘快捷方式"或"打印快捷键列表"就可把快捷键列表显示或打印出来，如表 2-2 所示。

表 2-2 应用字符格式

Ctrl＋D	更改字符格式（"格式"菜单，"字体"命令）
Shift＋F3	更改字母大小写
Ctrl＋Shift＋A	所有字母设为大写

Ctrl＋B	应用加粗格式
Ctrl＋U	应用下划线格式
Ctrl＋Shift＋W	只给单词加下划线,不给空格加下划线
Ctrl＋Shift＋D	给文字添加双下划线
Ctrl＋Shift＋H	应用隐藏文字格式
Ctrl＋I	应用倾斜格式
Ctrl＋Shift＋K	将所有字母设成小写
Ctrl＋＝(等号)	应用下标格式(自动间距)
Ctrl＋Shift＋＋(加号)	应用上标格式(自动间距)
Ctrl＋空格键	删除手动设置的字符格式
Ctrl＋Shift＋Q	将所选部分更改为 Symbol 字体

第二种方法:利用"宏"来完成。选择"工具"→"宏"命令。在弹出的对话框中,找到"宏名"区域,在其下拉列表中选择 ListCommands 选项,同时在下面的"宏的位置"下拉列表中选择"Word 命令"选项,单击"运行"按钮。在随之出现的对话框中根据自己的要求,选择"当前菜单和快捷键设置"或"所有的 Word 命令"中的一项,再单击"确定"按钮即可显示出相关列表。

2. 快速预览文件内容

预览可以帮助用户了解文件内容,以便打开自己想要的文件。

(1)在"打开"对话框中选择要查看预览的文件。

(2)选择"打开"对话框中工具栏上的"视图"→"预览"命令,被选中的文件的内容便可在右侧窗格中显示。

注意:Word 文件可以看到它的正文,BMP 等图片可以看到缩略图。如果被选中的文件无法预览,则会在预览窗格中出现"无法预览"的提示,如图 2-76 所示。

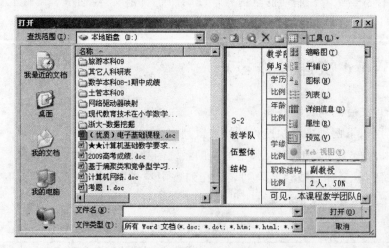

图 2-76　快速预览文件内容

3. 快速缩放 Word 文件

在 Word 使用过程中常常需要缩放显示比例来查看整个文件的布局,如果使用的是一个滚轮鼠标,可以在直接按 Ctrl 键不放的同时,滚动滚轮(向上放大、向下缩小)便可调整文件显示比例。此方法在其他 Office 文件中也可适用。

4. 巧在 Word 中调用外部程序

在 Word 使用过程中,有时候需要调用一些外部程序,如:Winamp、ACDSee 等。

具体操作步骤如下。

(1) 运行 Word 后,按 Alt+F8 组合键弹出"宏"对话框。在"宏名"文本框中输入宏的名称,如:Winamp,再单击"创建"按钮。

(2) Word 自动弹出一个 VB 代码窗口。在插入点所在位置添加一行代码:Shell "c:\Program Files\ Winamp\winamp. exe"(注意双引号必须输入,Shell 是 Word 宏中调用外部程序的命令,空格后双引号内是调用的外部程序的路径和文件名),再关闭该窗口。

(3) 右击工具栏任意位置,选择"自定义"命令,在弹出的对话框中选择"命令"选项卡,在左边的"类别"下拉列表中选择"宏"项,在右边的下拉列表中找到一个名为 Normal. NewMacros. winamp 的命令,并把它拖放到工具栏上,就可以通过单击这个按钮来调用相应外部程序了,如图 2-77 所示。

图 2-77　在 Word 中调用外部程序

5. 避免文字被错误超链接

在使用 Word 编辑文件时发现,如果文件中包含了@符号,有时 Word 会将它解释为电子邮件地址,并自动超级链接。为避免这一情况的发生,只要进行如下操作就可以了。

(1) 选择"工具"→"自动更正选项"命令,打开"自动更正"对话框。

（2）选择"键入时自动套用格式"选项卡，找到"键入时自动替换"选择区域，取消选择
"Internet 及网络路径替换为超链接"复选框即可，如图 2-78 所示。

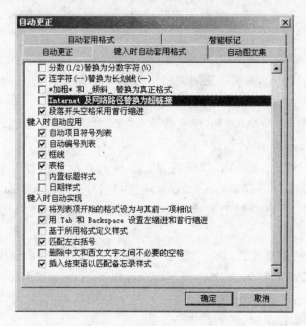

图 2-78　避免文字被错误超链接

6. 隐藏页间空白增大视野

很多用户都喜欢采用 Word"页面"视图模式，但每个页面之间总会有因上、下边距而
产生的空白区域，如果去掉这些空白区域，可以增大编辑视野。

在 Word XP 中可以将鼠标指针放到两页文件交界的空白处，指针便会改变，并会显
示"隐藏空白"的提示，如图 2-79 所示，此时单击即可将空白去掉，显示一条黑线，再次单
击该处即可恢复原有的空白。

图 2-79　隐藏页间空白增大视野

7. 利用 Word 创建 PowerPoint 演示文稿

（1）首先要打开用来创建 PowerPoint 演示文稿的 Word 原文件。

（2）然后选择"文件"→"发送"→"Microsoft PowerPoint"命令即可。

8. 巧妙设置，消除一些眼疲劳

在长时间使用 Word 时，其默认的白底黑字方式常易使眼睛感到疲劳。

（1）选择"工具"→"选项"命令，在"常规"选项卡中选择"蓝底白字"复选框。

（2）单击"确定"按钮即可把文件显示为蓝底白字。

9. 快速引入其他文件对象

在 Word 中,常常需要插入一些用其他软件编辑的新对象,并且也希望随着源文件的更新,相应的 Word 中的对象也随之变化。

(1)选择"插入"→"对象"命令来实现。

(2)选择弹出的"对象"对话框中的"由文件创建"功能,通过"浏览"按钮直接引入需插入的文件就能达到上述要求。

10. 用语音控制宏

利用语音来控制宏的操作,确实可以给工作带来更多方便,Word 与 IBM 的 Via Voice 等语音识别软件不同,它不能用语音直接操作宏。不过,可以通过间接的途径实现这个功能。

(1)选择"工具"→"宏"→"录制新宏"命令,建立一个执行操作或输入文本的宏。

(2)选择"工具"→"自定义"命令,打开"自定义"对话框中的"工具栏"选项卡。

(3)单击其中的"新建"按钮,在对话框的"工具栏名称"文本框内输入"语音宏"之类的文字,单击"确定"按钮后把它拖到 Word 2003 窗口顶部的合适位置。

(4)接下来就可以在新建的工具栏上添加宏的按钮。打开"自定义"对话框中的"命令"选项卡,选中"类别"列表中刚才建立的宏。然后把它从"命令"选项卡中拖到新建工具栏的右端。最后将"自定义"对话框关闭,就可以用语音控制宏的运行了。

11. 巧用 Microsoft Office 工具恢复响应

在使用 Office 组件的时候,如果出现某个应用程序未被响应,这个时候就可以让 Microsoft Office 工具帮上忙了。

只需选择"程序"→"Microsoft Office 工具"→"Microsoft Office 应用程序恢复"命令,把未响应的应用程序关闭即可解决,如图 2-80 所示。

图 2-80　用 Microsoft Office 工具恢复响应

12. 解决字体带来的烦恼

有些用户复制 Word 文件到其他用户计算机上使用时,发现文字无法正常显示,如果一个 Word 文件无法正常查看,可能是用户使用了系统里面没有的字体。

(1)选择"工具"→"选项"命令。

（2）在"兼容性"选项卡中单击"字体替换"按钮，这样可以发现那些缺少的 Truetype 字体，选择认为可能的字体然后单击"确定"按钮，再去查看文件即可。

13. 如何让总页数计数"自动化"

在 Word 文件中插入页码的方法很简单，但是当一篇 Word 文件很长的时候，要想统计并显示出文件的总页数，就需要使用域名 SECTIONPAGES（作用：插入本节的总页数），以文件总页数显示在页脚区为例，要想实现这一功能可以进行以下操作。

（1）选择"视图"→"页眉页脚"命令，把插入点移到相关位置后，输入"{＝{SECTIONPAGES}}"（"{ }"需按组合键 Ctrl＋F9 来输入）。

（2）右击该域名的任意区域，在弹出的快捷菜单中选择"更新域"选项，返回值即是文件的总页数。

注意：为了显示更直观，也可以输入"共{＝{SECTIONPAGES}}页"即可显示"共 x 页"字样。

14. 如何修复已损坏的 Word 文件

想修复被损坏的文件，可以执行以下操作：

（1）按下 Ctrl＋O 组合键，弹出"打开"对话框。选定要打开的已被损坏的文件。

（2）单击"打开"按钮右边的"▼"按钮，选择"打开并修复"功能即可。

15. 巧用通配符来快速查找与替换

要对多个类似词句进行快速查找与替换，有什么好的方法吗？可以使用通配符来帮助实现。这里给大家介绍几种常用的通配符。

（1）在输入查找内容时，可以加入表达式{n}，表示重复前一个字符 n 次。例如：输入"of{2}ice"，查找到的将会是 Office。

（2）也可以加入[]，表示查找中括号指定的字符中的任意一个。例如：输入"[学硕博]士"，查找到的将会是学士、硕士、博士。

（3）还可以加入[!]，表示查找指定字符以外的任意字符。例如：输入"[!a]n"，查到的将会是除 an 以外的所有可能组合如：in、on 等。

16. 快速实现 Word 文件内容查找

在 Word 中，要查找文件的某些内容，通常都选择"编辑"→"查找"命令。实际上在 Word 窗口右边的垂直滚动条下方，有一个小圆点按钮，它的作用是"选择浏览对象"，单击它，可以根据所选对象进行快速查找，如图 2-81 所示。

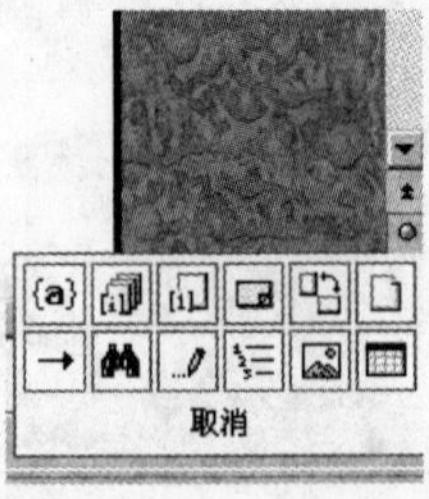

17. 如何设置指定的文件页码起始值

如果编辑的是一篇有封面、目录、正文的文件，如何能跳过封面、目录页，按照习惯把页码"1"设置在正文首页呢？

图 2-81　快速查找

"节"可以将文件分为具有不同页面格式的两个部分，因此可以通过在目录页后正文页前插入分节符来实现该功能。具体操作如下（以封面、目录共 3 页，正文页从第 4 页开始为例）：

（1）把插入点移到第 3 页文件后，选择"插入"→"分隔符"命令在"分隔符"对话框中找到"分节符类型"选项，选择"下一页"复选框，单击"确定"按钮即插入了分节符。

（2）选择"插入"→"页码"命令，单击"格式"按钮打开"页码格式"对话框，在"页码编排"选项区中选择"起始页码"单选按钮并输入"1"，单击"确定"按钮即按要求设置了页码。

注意：如果编辑的该文件目录部分也要从"1"开始插入页码，又该怎么操作呢？其实此时只需在封面页后目录页前也插入一个分节符，然后按照上面所讲的方法对目录部分也操作一遍，即可实现目录部分页码从"1"开始，正文部分页码也从"1"开始。注意页眉页脚工具栏上的"同前"单选按钮要取消选择，否则后面的页码会出现连续的情况。

2.11 Word 加密技巧

1. 制作专用 Word

有些私人文件不希望未经自己允许的人观看，除了在 Word 中设置密码保护外，如果计算机中的所有 Word 文件不让他人观看，可以稍加设置便会在他人用鼠标左键双击"Word 文件"或直接打开 Word 时弹出一个要求输入密码的登录框。

（1）运行 Word 后，选择"工具"→"宏"→"宏"命令。

（2）在弹出的对话模型中输入宏名，如 autoexec(不包括双引号)，然后单击"创建"按钮，并在代码窗中输入如下内容：

```
Sub autoexec()
Dim psw As String '定义 psw 为字符串,可省略'
psw = inputbox("请输入密码: ", "登录?")
If psw = "elong" Then
    Application.ShowMe
    Else
    msgbox "对不起,请与本机主人联系使用!"
    Application.Quit
    End If
End Sub
```

附破解办法：只需直接删除 normal.dot 模板文件即可。该文件在 Win98 的系统文件夹下，如我的电脑就在"C:\WINDOWS\Application Data\Microsoft\Templates"里。而该文件在 WinXP 系统中却在用户文件夹下，有的文件就在"E:\Documents and Settings\elong\Application Data\Microsoft\Templates"里。

2. 更改默认保存目录

Word 文件的默认保存目录是"我的文件"，而希望自己所建的文件都保存在另一个目录中（如"D:\学籍管理文件"），可以通过两种方法来改变它。

第一种方法：选择"工具"→"选项"→"文件位置"命令，单击"修改"按钮并通过浏览设置好常用于存放文件的目录(如"D:\ 学籍管理文件"),最后单击"确定"按钮退出即可,如图 2-82 所示。

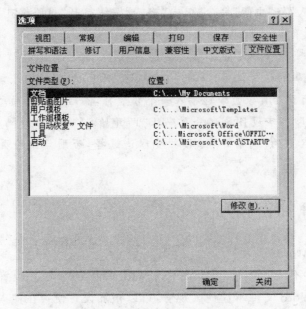

图 2-82　更改默认保存目录

第二种方法:是更改"我的文档"所对应的目录,方法是在桌面上右击"我的文档",选择"属性"选项,然后在目标位置中输入新的文件夹位置即可。

3. 轻松防止宏病毒

因为宏病毒在 Word 中寄居的文件就是默认的模板文件 Normal. dot(在默认安装情况下该文件位于 C:\WINDOWS\Application Data\Microsoft\Templates 文件夹中),只要在安装好 Word 后,把该文件的属性更改为"只读",以后宏病毒便不能对它进行侵入寄存了。

注意:如何判别是否已感染宏病毒呢? 可采用一个简单的办法来进行检测。打开这个文件,选择"文件"→"另存为"命令,若另保存对话框中保存类型固定为"文件模板",则表示该文件已经感染宏病毒。

4. 如何清除记录

Word 能自动地对最近打开的 Word 文件进行记录,如果在公用的计算机上,不想让别人看到在 Word 中打开过哪些文件可以进行以下操作。

(1) 首先按组合键 Ctrl+Alt+-,此时鼠标指针会变成黑色的减号。

(2) 然后单击"文件"菜单,移动指针至需要清除的文件名称上并单击,再次打开"文件"菜单就会发现刚才的那个文件消失了。

5. 给 Word 文档加锁

在编辑文件时有时需要离开一会,但不想关闭文件,为了避免别人不小心改动了自己的文件,可利用窗体加锁完成。

（1）在工具栏后空白处右击，在弹出的菜单中选择"窗体"命令打开窗体工具栏。

（2）再在窗体工具栏上单击"保护窗体"图标按钮，如图 2-83 所示，使该工具按钮处于使用状态，然后再关闭窗体工具栏便可对不知情的人起到一定的防护作用。

图 2-83　给 Word 文档加锁

6. 巧妙隐藏文件内容

为了避免他人观看自己的文件内容，只需选定整篇文件，把字体颜色设置为"无"，就会发现所有的文字内容都不见了。也可以通过插入文本框或是自选图形来覆盖需隐藏的部分文件内容。但是要注意的是，应该进行"对象不随文字移动"设置，否则就会前功尽弃。

注意：如果文件中为英文，则可选中内容后，再把它们的字体设置为 wingdings 或 webdings，相关英文就会变成乱码。

7. 快速定位到上次编辑位置

用 WPS 编辑文件时有一个特点，就是当用户下次打开一 WPS 文件时，光标会自动定位到上一次存盘时的位置。不过，Word 却没有直接提供这个功能，但是，在打开 Word 文件后，如果按下 Shift＋F5 键就会发现光标已经快速定位到上一次编辑的位置了。

注意：其实 Shift＋F5 的作用是定位到 Word 最后三次编辑的位置，即 Word 会记录下一篇文档最近三次编辑文字的位置，可以重复按下 Shift＋F5 键，并在三次编辑位置之间循环，按一下 Shift＋F5 就会定位到上一次编辑时的位置了。

8. 快速插入当前日期或时间

有时写完一篇文章，觉得有必要在文章的末尾插入系统的当前日期或时间，一般人是通过选择菜单来实现的。其实可以按 Alt＋Shift＋D 键来插入系统日期，而按下 Alt＋Shift＋T 组合键则可以插入系统当前时间。

9. 快速多次使用格式刷

Word 中提供了快速多次复制格式的方法：双击"格式刷"按钮，可以将选定格式复制到多个位置，再次单击"格式刷"按钮或按下 Esc 键即可关闭格式刷。

10. 快速打印多页表格标题

选中表格的主题行，选择"表格"菜单下的"标题行重复"复选框，在预览或打印文件时，就会发现每一页的表格都有标题了，当然使用这个技巧的前提是表格必须是自动分页的。

11. 快速将文本提升为标题

首先将光标定位至待提升为标题的文本，按 Alt＋Shift＋←键，可把文本提升为标题，且样式为标题 1，再连续按 Alt＋Shift＋→键，可将标题 1 降低为标题 2、标题 3、……、标题 9。

12. 快速设置上下标注

首先选中需要设置上标的文字，然后按下组合键 Ctrl＋Shift＋＝就可将文字设为上标,再按一次又恢复到原始状态；按 Ctrl＋＝可以将文字设为下标,再按一次也恢复到原始状态。

13. 快速取消自动编号

虽然 Word 中的自动编号功能较强大,但是据笔者试用,发现自动编号命令常常出现错乱现象。其实,可以通过下面的方法来快速取消自动编号。

（1）当 Word 为其自动加上编号时,只要按下 Ctrl＋Z 键取消操作,此时自动编号会消失,而且再次输入数字时,该功能就会被禁止了。

（2）选择"工具"→"自动更正选项"命令,在打开的"自动更正"对话框中,选择"键入时自动套用格式"选项卡,然后取消选择"自动编号列表"复选框（如图 2-84 所示）,最后单击"确定"按钮完成即可。

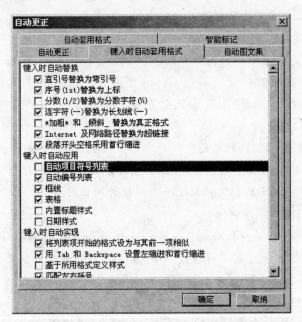

图 2-84　快速取消自动编号

14. 快速选择字体

为了达到快速选择字体的目的,可以将常用字体以按钮形式放置在工具栏上。

（1）首先右击 Word 工具栏,选择"自定义"命令,打开"自定义"对话框。

（2）在"自定义"对话框中选择"命令"选项卡,并移动光标条到类别栏中的"字体"项,找到平时经常使用的字体,把它拖到工具栏成为按钮,以后要快速选择字体,只要先选中文本,再单击工具栏上字体按钮即可,省去了从字体下拉列表框中众多字体中选择的麻烦,如图 2-85 所示。

15. 显示过宽文档

在打开文档时,有时会发现因为文档过宽,屏幕上显示不全。这时可以重新调整行的宽度,使其适合文档窗口的大小。如果使用的是普通视图或大纲视图,可以通过下面

图 2-85　快速选择字体

的方法解决上述问题。

选择"工具"→"选项"→"视图"→"窗口内自动换行"复选框即可,如图 2-86 所示。

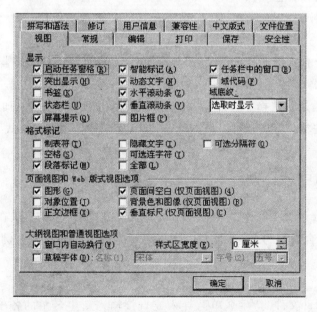

图 2-86　显示过宽文档

注意:也可以通过改变显示比例使文字适于普通视图或页面视图中的文档窗口。这时可以选择"视图"菜单中的"显示比例"命令,然后选择"页宽"选项即可。还可以切换到 Web 版式视图中,使文字自动换行。

16. 关闭语法错误标记

在输入时 Word 可以对输入的文字进行拼写和语法检查,在页面上可以看到红红绿绿的波浪线。如果用户觉得这些线太影响视觉效果,可以将其隐藏。

(1) 在状态栏上的"拼写和语法状态"图标上右击。

(2) 选择"隐藏语法错误"项,语法检查出来的错误标记就全都消失,如图 2-87 所示。

图 2-87　关闭语法错误标记

注意:如果要详细设定,可以在右键菜单中选择"选项"命令,在"选项"对话框中选择"拼写和语法"选项卡,在这里可以详细设定拼写和语法的属性。

17. 控制转换的字体

有时打开别人传来的文档,发现里面含有自己计算机中尚未安装的字体。如果打开的文档中包含这样的字体,Word 会将字体替换为机器中已安装的字体。

(1) 选择"工具栏"→"选项"命令,在"兼容性"选项卡中单击"字体替换"按钮。

(2) 在"字体替换"下的"文档所缺字体"中选择所缺少的字体名称。在"字体替换"列表框中,选择用以替换的另一种字体,单击两次"确定"按钮,系统就会按要求进行字体的转换。

18. 将样式传给其他文档

某一文档中创建了几种样式后,如果想在其他文档中也使用这几个样式,可以用下面的方法。

(1) 打开一个包含这些样式的文档,单击"格式"→"样式"→"管理器"按钮。

(2) 在"管理器"对话框中,打开的文档中的一列样式显示在左边,Normal. dot 模板中的样式显示在右边。选择左边的样式,单击"复制"按钮,就将其添加到了右侧的列表中。单击"关闭"按钮。下次就可以从 Normal. dot 文档中使用这些格式了。

2.12　邮件合并

邮件合并(Word 与 Excel 综合应用):可以实现把 Excel 中的字段在 Word 文档域中自动填充,生成适合需要的 Word 文件。下面以学生名单生成信封为例介绍邮件合并的功能。

1. 准备阶段

(1) 新建 Excel 文件"新生名单",导入或直接输入新生名单的各项信息,如邮政编码、通信地址、姓名等。

(2) 选择"工具"→"信函与邮件"→"邮件合并"命令,在右边的任务窗格中选择"下一步"(正在启动文档)选项,再选择"下一步"(选取收件人)选项,之后选择"浏览"选项打开"选取数据源"对话框,如图 2-88 所示。

(3) 选择 Excel 表(例如 sheet1),如图 2-89 所示。

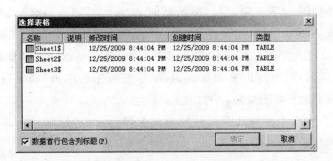

图 2-88　邮件合并的数据源

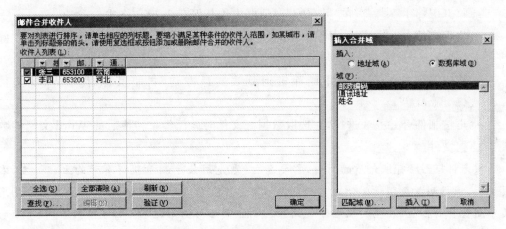

图 2-89　邮件合并需要的具体表格

（4）选择"下一步"（撰写信函）选项，并选择"其他项目"选项，在主要文档中插入需要的域。

（5）选择"下一步"（预览信函）选项后再选择"下一步"（合并完成）选项。

（6）选择"编辑个人信函"选项，打开"合并到新文档"对话框，选中"全部"单选按钮，再单击"确定"按钮，如图 2-90 所示。

2. 打印信封

单击邮件合并工具栏中的"合并到打印机"按钮，同时对对话框进行设置，最后打印出信封。

图 2-90　合并到新文档

注：有关邮件合并中 Word 导入数据后小数点长度不正常的问题，可以通过以下方法之一完成设置。

（1）选中这个小数点后面变长了的地方右击出现的"切换域代码"，在已经存在的域代码后面的反括号内输入\＃"0.00"（注意是在英文输入格式下）后右击选"更新域代码"就可以了。如果只想保留一位小数点就只输入\＃"0.0"。这种方法的缺点是在需要变更的数据很多时操作比较麻烦。

（2）在数据的 Excel 表的第二行（标题行的下一行）插入一行，输入 a 或者任何字符的内容（英文输入法下），保存数据表格后再进入邮件合并。这种办法比较简单。

（3）在进行邮件合并前，对 Excel 数据表执行"工具"→"选项"→"重新计算"命令，在"工作簿选项"选项区中选择"以显示精度为准"单选按钮后单击"确定"按钮，保存表格。再进入邮件合并（只在 Office 2003 中试过）。

（4）在 Excel 2007 中选择数据列转换为文本保存，再进行邮件合并（在 Office 2007 中试过可行，在 Office 2003 中好像不可以）。

（5）将数据 Excel 表格转换成 Word 表格后再进行邮件合并操作。Excel 表格转换成 Word 表格的方法如下。

- 打开 Excel 数据表，在"另存为"对话框中将其保存为 htm 格式。
- 将保存的 htm 格式表用 Word 打开方式打开，选默认"HTML 文档"后单击"确定"按钮。
- 将表头上的换行符号用删除键退到表的最左边，再将其保存为 Word 文档（∗.doc）。
- 再按邮件合并办法进行，在选取数据源文件时就已经是转换后的 Word 文档的数据文件。

重点：若已经有纸介质的材料，需要套打，则先用尺子测量获得页面的上、下、左、右页边距，根据测量数值设置空白文档的页面设置，根据纸介质的材料需要套打的位置用尺子测量套打位置，在空白文档中使用"文本框"或矩形图形框确定位置即可。

2.13　保护表中部分数据不被修改

（1）选择所有单元格，右击选择"设置单元格格式"命令在打开的对话框中选择"保护"选项卡，取消对"锁定"复选框的选择。

（2）选择需要保护的单元格，右击选择"设置单元格格式"命令在打开的对话框中选择"保护"选项卡，选择"锁定"复选框。

（3）选择"工具"→"保护"→"工作表"或"工作簿"命令，在文本框中输入密码，单击"确定"按钮。

2.14　从某页开始打印页码

如果需要从文档的某页开始插入页码，操作步骤如下。

（1）将光标放在要插入页码的前一页底部：选择"插入"→"分隔符"命令，在"分页符类型"选项区中选中"下一页"单选按钮。

（2）在要插入页码的节使用页眉页脚工具（视图→页眉页脚）。

（3）用红色按钮去掉页眉和页脚处的"与上一节相同"，如图 2-91 所示。

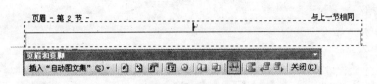

图 2-91 插入页码

（4）然后将光标移到页眉或页脚处，在页眉页脚工具栏中设置"页码格式"（绿色按钮）。

（5）用该工具栏插入页码即可（蓝色按钮）。

注意：利用该方法也可以实现多种排版格式（某几页横、纵向等）。

第 3 章

Excel使用技巧

3.1　工作表的编辑操作

1. 快速选中全部工作表

右击工作窗口下面的工作表标签，在弹出的菜单中选择"选定全部工作表"命令即可，如图 3-1 所示。

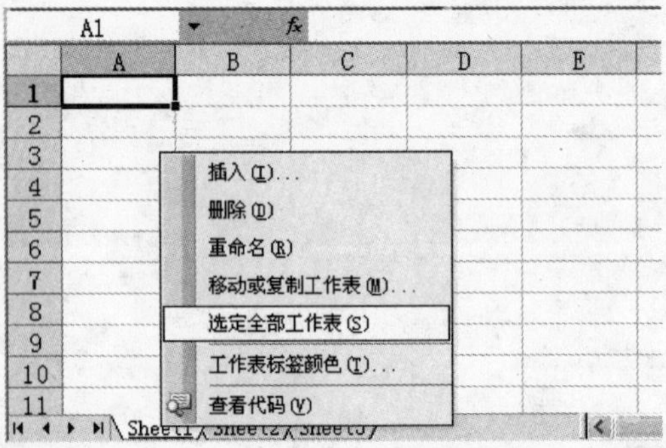

图 3-1　快速选中全部工作表

2. 快速删除选定区域数据

用鼠标右键向上或向左拖动选定单元格区域的填充柄时，没有将其拖出选定区域即释放了鼠标右键，则将删除选定区域中的部分或全部数据（即拖动过程中变成灰色模糊的单元格区域，在释放了鼠标右键后其内容将被删除），如图 3-2 和图 3-3 所示。

3. 给单元格重新命名

Excel 每个单元格都有一个默认的名字，其命名规则是列标加行号。如果要将某单元格重新命名，可以采用下面两种方法。

（1）用鼠标单击某单元格，在表的左上角会看到它当前的名字，再用鼠标选中名字，就可以对该单元格进行重命名了。

（2）选中要命名的单元格，选择"插入"→"名称"→"定义"命令，打开"定义名称"对话

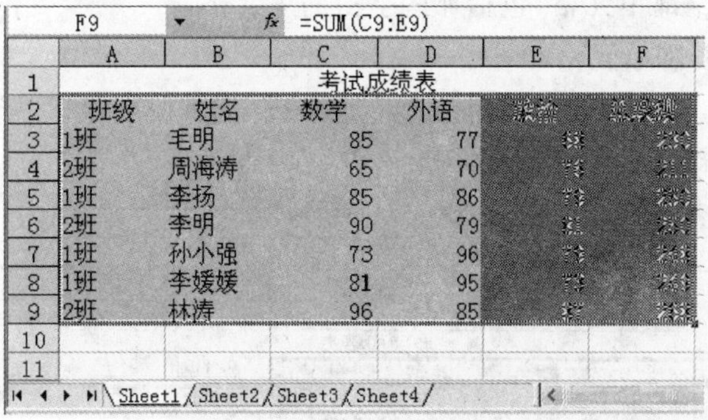

图 3-2 快速删除选定区域数据(1)

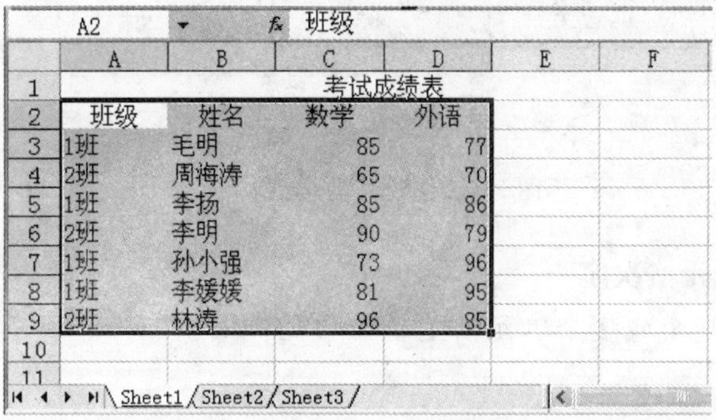

图 3-3 快速删除选定区域数据(2)

框,在"在当前工作簿中的名称"文本框里输入名字,单击"确定"按钮即可。

注意:在给单元格命名时需注意名称的第一个字符必须是字母或汉字,它最多可包含 255 个字符,可以包含大、小写字符,而且重命名名称中不能有空格且不能与其他单元格的名称相同,如图 3-4 所示。

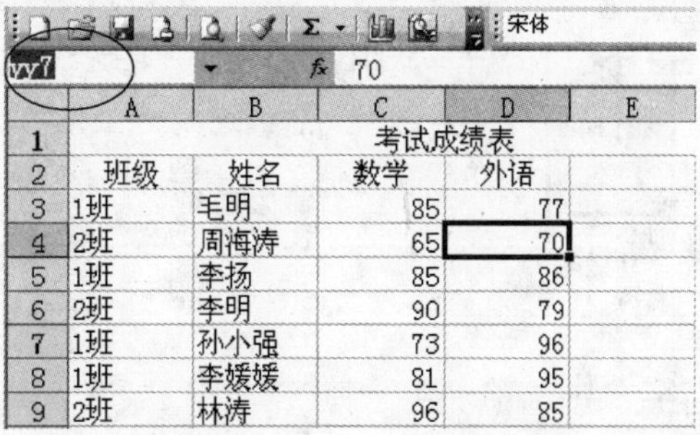

图 3-4 给单元格重新命名

4. 在 Excel 中选择整个单元格范围

在 Excel 中,如果想要快速选择正在处理的整个数据清单范围,按下 Ctrl＋Shift＋*。注意:该命令将选择整个列和列标题。这一技巧不同于全选命令,全选命令将选择工作表中的全部单元格,包括那些空白的单元格。

5. 快速移动/复制单元格

先选定单元格,然后移动鼠标指针到单元格边框上,按下鼠标左键并拖动到新位置,然后释放按键即可移动。若要复制单元格,则在释放鼠标之前按下 Ctrl 即可,如图 3-5 所示。

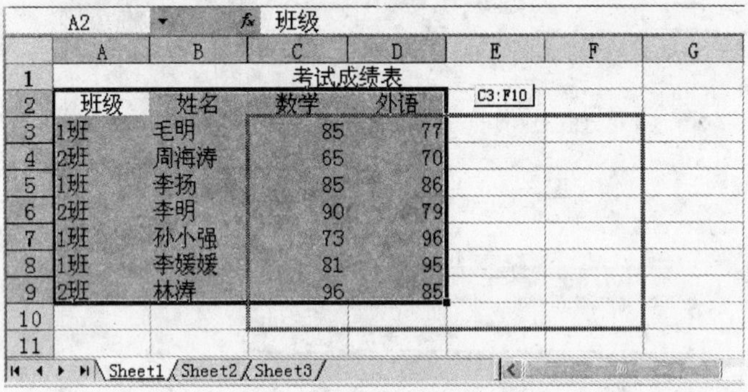

图 3-5 快速移动/复制单元格

6. 快速修改单元格次序

在拖放选定的一个或多个单元格至新位置的同时,按住 Shift 键可以快速修改单元格内容的次序。

(1) 选定单元格,按下 Shift 键,移动鼠标指针至单元格边缘,直至出现拖放指针箭头,然后进行拖放操作。

(2) 上下拖拉时鼠标在单元格间边界处会变成一个水平"H"状标志,左右拖拉时会变成垂直"工"字状标志,释放鼠标按钮完成操作后,单元格间的次序即发生了变化,如图 3-6 所示。

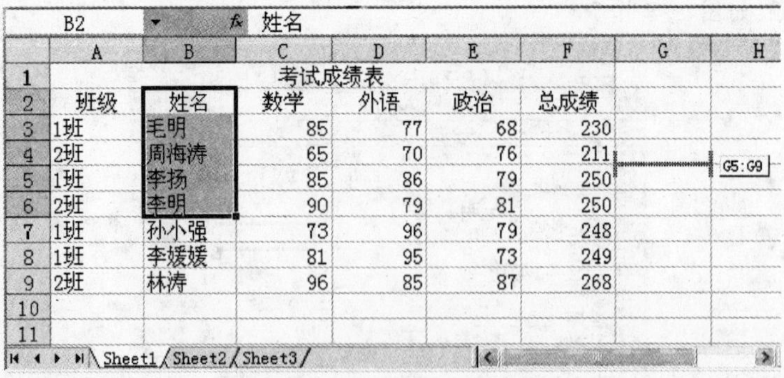

图 3-6 快速修改单元格次序

7. 彻底清除单元格内容

先选定单元格,然后按 Delete 键,这时仅删除了单元格内容,它的格式和批注还保留着。要彻底清除单元格,可用以下方法:选定想要清除的单元格或单元格范围,选择"编辑"→"清除"命令,这时显示"清除"菜单,选择"全部"命令即可,当然也可以根据需要选择清除"格式"、"内容"或"批注"中的任何一项,如图 3-7 所示。

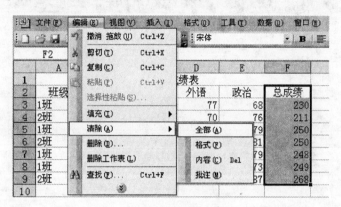

图 3-7 彻底清除单元格内容

8. 选择单元格

(1)选择一个单元格:将鼠标指向它,单击即可。

(2)选择一个单元格区域范围:可选中左上角的单元格,然后按住鼠标左键向右拖曳,直到需要的位置松开鼠标左键即可。

(3)选择两个或多个不相邻的单元格区域:在选择一个单元格区域后,可按住 Ctrl 键,然后再选择另一个区域即可。

(4)若要选择整行或整列只需单击相应的行号或列标即可,当然也可以通过拖动操作连续选择多行或多列。

(5)选定整个工作表:单击左上角行号与列标交叉处的按钮。

9. 为工作表重命名

为了便于记忆和查找,可以将 Excel 的 Sheet1、Sheet2、Sheet3 工作表命名为容易记忆的名字,有两种方法。

(1)选择要改名的工作表,选择"格式"→"工作表"→"重命名"命令,这时工作表的标签上名字将被反白显示,然后在标签上输入新的表名即可。

(2)双击当前工作表的名称,如 Sheet1,再输入新的名称。

10. 一次性打开多个工作簿

用以下的方法可以快速打开多个工作簿。

(1)打开工作簿(∗.xls)文件所在的文件夹,按住 Shift 键或 Ctrl 键,用鼠标选择彼此相邻或不相邻的多个工作簿,将它们全部选中,然后单击右键选择"打开"命令。

(2)选择"文件"→"打开"命令,按住 Shift 键或 Ctrl 键,在弹出的对话框文件列表中选择彼此相邻或不相邻的多个工作簿,然后单击"打开"按钮。

(3)用上述方法,将需要同时打开的多个工作簿全部打开,再选择"文件"→"保存工作区"命令,打开"保存工作区"对话框,命名保存为工作区文件,以后只要用 Excel 打开该工作区文件,则包含在该工作区中的所有工作簿即被同时打开,如图 3-8 所示。

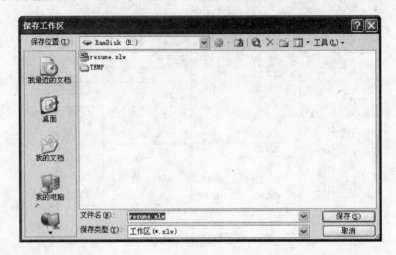

图 3-8　一次性打开多个工作簿

11. 快速切换工作簿

对于少量的工作簿窗口切换,单击工作簿所在窗口即可。要对多个窗口下的多个工作簿进行切换,可以使用"窗口"菜单。"窗口"菜单的底部列出了已打开的工作簿名称,若要切换到一个工作簿,可以直接选择对应的工作簿名称即可。Excel 最多能列出 9 个工作簿,若多于 9 个,"窗口"菜单则包含一个名为"其他窗口"的命令,选用该命令,则出现一个按字母顺序列出的所有已打开的工作簿名称的对话框,只需单击其中需要的名称即可,如图 3-9 所示。

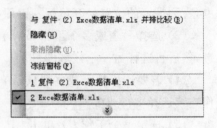

图 3-9　快速切换工作簿

12. 选定超链接文本单元格

如果需要在 Excel 中选定超链接文本而不跳转到目标处,可以在指向该单元格时,单击并按下鼠标左键不放开,直到选定单元格出现正常的白色十字形光标。

13. 查找操作技巧

(1) 在进行查找操作之前,可以将查找区域确定在某个单元格区域、整个工作表(可选定此工作表内的任意一个单元格)或者工作簿里的多个工作表范围内。

(2) 在输入查找内容时,可以使用问号(?)和星号(＊)作为通配符,以方便查找操作。问号(?)代表一个字符,星号(＊)代表一个或多个字符。需要注意的是,既然问号(?)和星号(＊)可以作为通配符使用,那么如何查找问号(?)和星号(＊)字符呢? 实际只要在这两个字符前加上波浪号(～)就可以了,如图 3-10 所示。

14. 修改默认文件保存路径

启动 Excel 2003,选择"工具"→"选项"命令,在"常规"选项卡中,将"默认文件位置"

图 3-10　快速查找

修改为需要默认保存文件的文件夹路径。以后新建 Excel 工作簿,进行"保存"操作时,系统打开"另存为"对话框后就直接定位到指定的默认文件夹中,如图 3-11 所示。

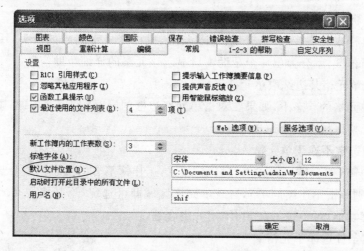

图 3-11　修改默认文件保存路径

15. 指定打开的文件夹

根据要求可以指定 Excel 打开文件的文件夹,方法如下。

(1) 选择"开始"→"运行"命令,输入 regedit,打开"注册表编辑器",展开[HKEY_ CURRENT_USER\Software\Microsoft\Office\11.0\Common\OpenFind\Places\ UserDefinedPlaces]。

(2) 在下面新建项 mydoc,然后在该项中新建两个"字符串值"类型的键,名称分别是 Name 和 Path,键值分别为"我的文件"(可以随意命名)和"D:\mypath"(指定文件夹的完整路径),关闭"注册表编辑器",重启电脑。以后在 Excel 2003 中进行打开操作时,打开对话框左侧会新添了"我的文件",单击该项目可进入"D:\mypath"文件夹,如图 3-12 所示。

16. 在多个 Excel 工作簿间快速切换

按下 Ctrl+Tab 组合键可在打开的工作簿间切换。需要注意并不是 Windows 切换窗口的 Alt+Tab 组合键。

图 3-12　指定打开的文件夹

17．快速获取帮助

对于工具栏或屏幕区,按组合键 Shift+F1,鼠标变成带问号的箭头,用鼠标单击工具栏按钮或屏幕区,就会弹出一个帮助窗口显示该元素的详细帮助信息。

18．双击单元格某边选取单元格区域

在选定单元格的状态下,如果在双击单元格边框的同时按下 Shift 键,则与此方向相邻的非空单元格区域会被全部选取。

19．快速选定不连续单元格

按 Shift+F8 组合键,激活"添加选定"模式,工作簿下方的状态栏中会显示出"添加"字样,以后分别单击不连续的单元格或单元格区域即可选定,不必按住 Ctrl 键不放。若要取消该选择功能,可再按一次 Shift+F8 组合键。

20．根据条件选择单元格

选择"编辑"→"定位"命令,在对话框中单击"定位条件"按钮,根据要选中区域的类型,在"定位条件"对话框中选择需要选中的单元格类型,例如"常量"、"公式"等,此时还可以复选"数字"、"文本"等选项,单击"确定"按钮后符合条件的所有单元格将被选中,如图 3-13 所示。

21．利用快捷键删除 Excel 中的单元格

将某单元格从工作表中完全删除,只要选择需要删除的单元格,然后按下组合键 Ctrl+ −(减号),在弹出的对话框中选择单元格移动的方式即可。

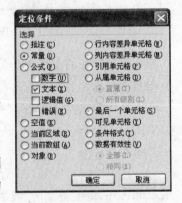

图 3-13　根据条件选择单元格

22．快速删除空行

利用自动筛选功能可以实现快速删除空行的操作,操作步骤如下。

(1)先在数据记录中插入新的一空白行,然后选择表中所有的行,选择"数据"→"筛选"→"自动筛选"命令,在每一列的顶部,从下拉列表中选择"空白"选项。

(2)选中筛选后的所有空白行,选择"编辑"→"删除行"命令,然后按"确定"按钮,所有的空行将被删去,如图 3-14 所示。

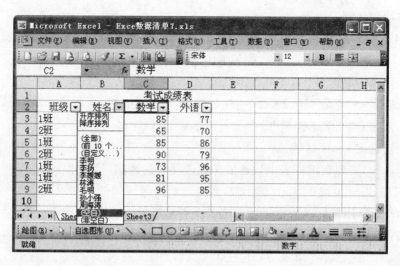

图 3-14　快速删除空行

23. 回车键的粘贴功能

当复制的单元格区域还有闪动的复制边框标记时(虚线框),只要选择要粘贴的起始单元格位置后,按回车键就可以实现粘贴操作。注意:不要在有闪动的复制边框标记时使用回车键在选定区域内的单元格之间进行切换,此时只能使用 Tab 键或方向键进行单元格切换。

24. 快速关闭多个工作簿

按住 Shift 键,打开"文件"菜单,会多了一个"全部关闭"命令,单击该菜单可将当前打开的所有工作簿快速关闭。

25. 选定多个工作表

若要选择一组相邻的工作表,可先选第一个表,按住 Shift 键,再单击最后一个表的标签;若选不相邻的工作表,要按住 Ctrl 键,依次单击要选择的每个表的标签;若要选定工作簿中全部的工作表,可从工作表标签页快捷菜单中选择"选定全部工作表"命令。

26. 对多个工作表选择同时编辑操作

如果想一次同时操作多张工作表,省略以后的复制、粘贴操作,可采用以下方法。

(1) 按住 Shift 键或 Ctrl 键并配以鼠标操作,在工作簿底部选择多个彼此相邻或不相邻的工作表标签,就可以实行多方面的批量处理。

(2) 可以同时进行的操作内容主要有以下几种。

① 进行页面设置。可快速对选中工作表设置相同的页面。

② 输入相同的数据。可快速在多个工作表中输入相同的数据。

③ 同时排版编辑操作。在多个工作表中进行一系列相同操作,如设置字号、字体、颜色,进行单元格的合并撤销等。

④ 输入公式。快速输入相同的公式,并进行公式计算。

27. 移动和复制工作表

若要移动工作表,只需用鼠标单击要移动的表的标签,然后拖到新的位置即可。若要复制工作表,只需先选定工作表,按下 Ctrl 键,然后拖动表到新位置即可。

28. 工作表的删除

选择"编辑"→"删除工作表"命令,然后单击"确定"按钮,则将这个表将从工作簿中永久删除。需注意"删除工作表"命令是不能还原的,删除的工作表不能被恢复。

29. 快速选定 Excel 区域

在 Excel 中,要想在工作表中快速准确地选择某块区域,只需单击想选定区域的一个角上的单元格,同时再按住 Shift 键不放,再单击想选定区域的对角上的单元格即可。另外,按住 Ctrl 键再用鼠标单击可任意选定多个不相邻的区域。

30. 备份工作簿

选择"文件"→"保存"命令,打开"另存为"对话框,单击右上角的"工具"旁的下拉按钮,选择"常规选项"命令,在随后弹出的对话框中,选中"生成备份"复选框,单击"确定"按钮保存。以后修改该工作簿后再保存,系统就会自动生成一份备份工作簿文件,而且能直接打开使用,如图 3-15 所示。

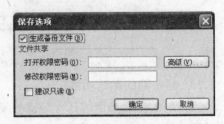

图 3-15 备份工作簿

31. 自动打开工作簿

只要将某个需要自动打开的工作簿快捷方式放到 C:\Program Files\Microsoft Office\Office11\XLStart 文件夹中,以后每次启动时,Excel 都会自动打开该工作簿文件,如图 3-16 所示。

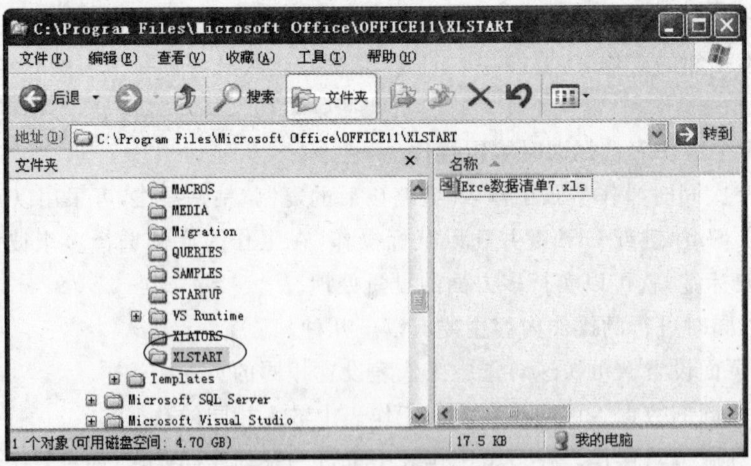

图 3-16 自动打开工作簿

32. 快速浏览长工作簿或选定区域

当浏览一个有很长内容的表格时,按 Ctrl+Home 键可以回到当前工作表的左上角(即 A1 单元格),按 Ctrl+End 键可以跳到工作表含有数据部分的右下角。另外,如果选取了一些内容,则可以通过重复按 Ctrl+.(小键盘区句点,需在不开启小键盘的状态下)在所选内容的 4 个角的单元格上按顺时针方向移动。

33. 快速删除工作表中的空行

如果用户想删除 Excel 工作表中的空行,一般的方法是需要将空行都找出来,然后逐行删除,但这样做操作量非常大,很不方便。下面提供一种快速删除工作表中的空行的方法。

(1)首先打开要删除空行的工作表,在打开的工作表中选择"插入"→"列"命令,从而插入新的列 X,在 X 列中顺序填入整数。

(2)然后根据其他任何一列将表中的数据行排序,使所有空行都集中到表的底部,删除所有空行中 X 列的数据;然后再以 X 列重新排序,还原原有数据顺序,最后再删去 X 列。

34. 绘制斜线表头

(1)首先将表格中要作为斜线表头的第一个单元大小调整好。然后单击选中单元格,选择"格式"→"单元格"命令,弹出"单元格格式"对话框,选择"对齐"选项卡,将垂直对齐的方式选择为"靠上",将"文本控制"下面的"自动换行"复选框选中。

(2)选择"边框"选项卡,单击"外边框"按钮,使表头外框有线,接着再单击下面的"斜线"按钮,为此单元格添加格对角线,单击"确定"按钮。

(3)双击该单元格,进入编辑状态,并输入文字,如"项目"、"月份",接着将光标插入点放在"项"字前面,连续按空格键,使这 4 个字向后移动,因为在单元格属性中已经将文本控制设置为"自动换行",所以当"月份"两字超过单元格时,将自动换到下一行。这样斜线表头就完成了。

35. 绘制单元格中的非对角线斜线

利用 Excel"边框"选项卡的两个斜线设置按钮,可以在单元格中画左、右对角线斜线。如果想在单元格中画非对角线斜线,就必须利用"绘图"工具。操作步骤如下:

打开 Excel 的"绘图"工具,单击"直线"按钮,待光标变成小十字后拖动光标,即可画出需要的多条斜线。只要画法正确,斜线可随单元格自动伸长或缩短(如图 3-17 所示)。至于斜线单元格的其他特殊表格线,仍可按照上面的方法添加。

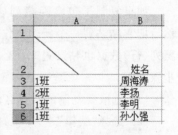

图 3-17 绘制斜线单元格

36. 总是选定同一单元格

有时候为了测试某个公式,需要在某个单元格内反复输入多个数值进行测试。但每次输入一个数值后按下 Enter 键查看结果,活动单元格就会默认移到下一个单元格上,必须用鼠标或上移箭头重新选定原单元格,显得很不方便。如果按 Ctrl＋Enter 组合键来取代 Enter 键,问题就会迎刃而解,在查看结果的同时,刚才输入数值的单元格也仍为活动单元格,可紧接着再输入下一个测试值。

37. 在同一单元格内连续输入多个测试值

同上例要求类似,也可以通过修改编辑选项进行操作:选择"工具"→"选项"→"编辑"命令,取消对"按 Enter 键后移动"复选框的选择,从而实现在同一单元格内输入多个测试值,如图 3-18 所示。

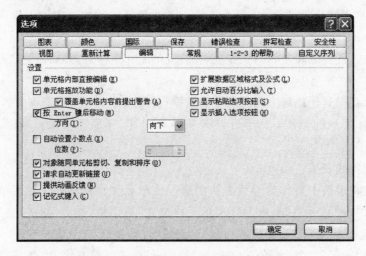

图 3-18　在同一单元格内连续输入多个测试值

38. 打开对话框中筛选查找工作簿文件

可以利用在工作表中的任何文字进行搜寻,方法为:单击工具栏中的"打开"按钮,在"打开"对话框里,输入文件的全名或部分名,也可以用通配符,并按回车即可做筛选出满足条件的工作簿文件。

39. 禁止复制隐藏行或列中的数据

如果复制了包含隐藏列(行)的一个数据区域,然后把它粘贴到一个新的工作表,那么 Excel 会把隐藏列(行)数据也粘贴过来了。解决这种问题的操作步骤如下。

（1）选取要复制的数据区域。

（2）选择"编辑"→"定位"命令,单击"定位条件"按钮,打开"定位条件"对话框。

（3）选中"可见单元格"单选按钮,再进行复制和粘贴操作,就不会得到隐藏列或隐藏行的数据,如图 3-19 所示。

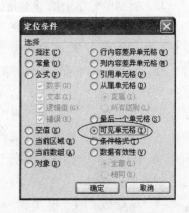

图 3-19　禁止复制隐藏行或列中的数据

40. 制作个性化图形单元格

如果表格中需要菱形、三角形之类的特殊单元格，可用以下方法实现。

（1）先在单元格内输入数据，然后打开"绘图"工具栏，在"自选图形"→"基本形状"子菜单中找到需要的图形，单击后即可画出所需形状的单元格。

（2）如果单元格的内容被图形覆盖，可右击刚刚画出的图形单元格，选择快捷菜单中"设置自选图形格式"命令，选中填充"颜色"为"无填充颜色"，确定后单元格内的原有内容即会显示出来。如果将"属性"选项卡中的"大小、位置均随单元格而变"单选按钮选中，它还会随单元格自动改变大小。

3.2　数据输入和编辑技巧

1. 在一个单元格内输入多个值

有时需要在某个单元格内连续输入多个数值，以查看引用此单元格的其他单元格的效果。但每次输入一个值后按回车键，活动单元格均默认下移一个单元格，非常不便。其实可以单击鼠标选定单元格，然后按住 Ctrl 键再次单击鼠标选定此单元格，此时，单元格周围将出现实线框，再输入数据，按回车键就不会移动了，如图 3-20 所示。

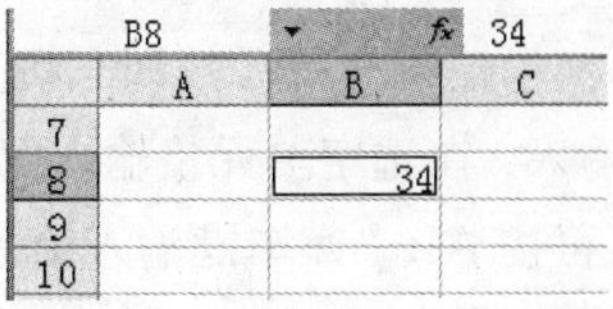

图 3-20　在一个单元格内输入多个值

2. 奇特的 F4 键

Excel 中有一个快捷键的作用极其突出，那就是 F4 键。作为"重复"键，F4 键可以重复前一次操作，在很多情况下都起作用。比如在工作表内加入或删除一行，然后移动插入点并按下 F4 键以加入或删除另一行，根本不需要使用菜单。

3. 将格式化文本导入 Excel

（1）在 Windows 的记事本中输入格式化文本，每个数据项之间用空格隔开，当然也可以用逗号、分号、Tab 键作为分隔符。输入完成后，保存此文本文件。

（2）在 Excel 中打开刚才保存的文本文件，出现"文本导入向导"对话框，选择"分隔符号"类型，单击"下一步"按钮。

（3）在"文本导入向导"对话框中选择文本数据项分隔符号，Excel 提供了 Tab 键、分号、逗号以及空格等供用户选择。

注意，这里的几个分隔符号选项应该单选。在"预览分列效果"中可以看到竖线分隔的效果。单击"下一步"按钮。

（4）在"文本导入向导"对话框中，可以设置数据的类型，一般不需改动，Excel 自动设置为"常规"格式。"常规"数据格式将数值转换为数字格式，日期值转换为日期格式，其余数据转换为文本格式。

（5）单击"完成"按钮即可，如图 3-21 所示。

图 3-21   将格式化文本导入 Excel

4. 快速换行输入数据

在使用 Excel 制作表格时经常会遇到需要在一个单元格中输入一行或几行文字的情况，如果输入一行后按回车键就会移到下一单元格，而不是换行。可用如下方法实现换行输入：在选定单元格输入第一行内容后，在换行处按 Alt＋回车键，即可输入第二行内容，再按 Alt＋回车键输入第三行内容，以此类推，如图 3-22 所示。

5. 巧变数字文本为数值

在工作中，发现一些文本文件数值数据或其他财务软件的数据导入 Excel 中后居然是以文本形式存在的（数字默认是右对齐，而文本是左对齐的），即使是重新设置单元格格式为数字也无济于事。有一个办法可以快速地将这些文件转变回数字：在空白的单元格中填入数字 1，然后选中这个单元格，选择"复制"命令，然后再选中所要转换的范围，选中"选择性粘贴"中的"乘"单选按钮，就会发现它们都变为数字了，如图 3-23 所示。

图 3-22   快速换行输入数据   图 3-23   巧变数字文本为数值

6. 在单元格中输入数值文本

一般情况下，在 Excel 表格中输入诸如"05"、"4.00"之类数字后，只要光标一移出该单元格，格中数字就会自动变成"5"、"4"，Excel默认的这种做法让用户感觉非常不便，可以通过下面的方法来避免出现这种情况：先选定要输入诸如"05"、"4.00"之类数字的单元格，右击，在弹出的快捷菜单中选择"设置单元格格式"命令，在接着出现的界面中选"数字"选项卡，在列表框中选择"文本"选项，单击"确定"按钮。这样，在这些单元格中就可以输入诸如"05"、"4.00"之类的数字文本了。

7. 将数值设为文本格式

不论是否对含有数字的单元格应用了文本格式，Excel都会将数字保存为数值数据。若要使Excel将数值表示为文本，首先应将空白单元格设置成文本格式，然后输入数字。如果已经输入了数字，那么也可以通过重新输入数值将它们更改成文本格式。

(1) 选择含有要设置成文本格式的数字单元格。

(2) 选择"格式"→"单元格"命令，然后选择"数字"选项卡。

(3) 在"分类"列表中，选择"文本"选项，然后单击"确定"按钮。

(4) 单击每个单元格，按F2键置为编辑状态，然后再按Enter键确认。

8. 快速进行选定单元格之间的移动

在Excel中，可以用以下方法实现在一个区域内的快速输入而不用鼠标来进行单元格之间的切换。方法如下：用鼠标圈定一定区域后，按Tab键可使目标单元格向后移，按Shift+Tab组合键可向前移。这样就可以在键盘上连续输入一组数据而不需用鼠标，从而提高输入速度。

采用此方法最大的好处是：在一行的最后一个单元格，继续按Tab，则可以转到下一行开始的单元格；在选定区域最后一行的最后一个单元格继续按Tab则会回到选定区域第一行第一个单元格。同样用Enter键可以按列输入数据，也可以用Shift键辅助控制向上移动。

9. 输入数字、文字、日期或时间

单击需要输入数据的单元格，输入数字并按Enter键或Tab键即可。如果是时间，用斜杠或减号分隔日期的年、月、日部分，例如，可以输入2009-1-23或Jun-96。如果按12小时制输入时间，请在时间数字后空一格，并输入字母A或P表示上下午，例如，9:00P。如果只输入时间数字，Excel将按默认A(上午)处理。

10. 快速输入欧元符号

先按下Alt键，然后利用右面的数字键盘(小键盘部分)输入0128这4个数字，松开Alt键，就可以输入欧元符号。

11. 将单元格区域从公式转换成数值

有时需要将某个单元格区域中的公式转换成数值，常规方法是使用"选择性粘贴"中的"数值"选项来转换数据。其实有更简便的方法：首先选取包含公式的单元格区域，按住鼠标右键将此区域沿任何方向拖动一小段距离(不能松开鼠标)，然后再把它拖回去，在原来单元格区域的位置松开鼠标(此时，单元格区域边框变花)，从出现的快捷菜单中选择"仅复制数值"命令，如图3-24所示。

图 3-24　将单元格区域从公式转换成数值

12. 快速填充自定义序列文本

如果经常需要输入一些系统自定义序列文本,如日期(甲、乙…)等(如图 3-25 所示),可以利用下面的方法来实现其快速输入:先在需要输入序列文本的第 1、第 2 两个单元格中输入该文本的前两个元素(如"甲、乙")。同时选中上述两个单元格,将鼠标移至第 2 个单元格的右下角成细十字线状时(通常称其为"填充柄"),按住鼠标左键向后(或向下)拖拉至需要填入该序列的最后一个单元格后,松开左键即可。

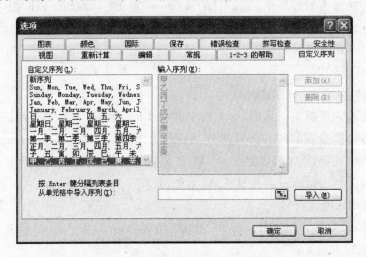

图 3-25　快速填充自定义序列文本

13. 右键快速填充等差、等比数列

有时需要输入一些不是成自然递增的数值(如等比序列:2、4、8…),可以用右键拖拉的方法来完成:先在第 1、第 2 两个单元格中输入该序列的前两个数值(2、4)。同时选中上述两个单元格,将鼠标移至第 2 个单元格的右下角成细十字线状时,按住右键向后(或向下)拖拉至该序列的最后一个单元格,松开右键,此时会弹出一个菜单,选择"等比序

列"命令,则自动填充产生序列 2、4、8、16…。如果选择"等差序列"命令,则自动填充输入 2、4、6、8…,如图 3-26 所示。

图 3-26 右键快速填充等差、等比数列

14. 巧用自定义序列输入常用数据

有时需要输入一些数据,如单位职工名单,有的职工姓名中的生僻字输入起来极为困难,如果事先一次性定义好"职工姓名序列",以后输入就快多了。具体方法如下:将职工姓名输入连续的单元格中,并选中它们,选择"工具"→"选项"命令打开"选项"对话框,选择"自定义序列"选项卡,先后单击"导入"和"确定"按钮。以后在任一单元格中输入某一职工姓名,用"填充柄"即可将该职工后面的职工姓名快速填充到后续的单元格中。

15. 快速输入特殊符号

有时候在一张工作表中要多次输入同一个文本,特别是要多次输入一些特殊符号(如※),不仅麻烦,而且对录入速度有较大的影响。这时可以用一次性替换的方法来克服这一缺陷。先在需要输入这些符号的单元格中输入一个代替的字母(如 X,注意:不能是表格中需要的字母),表格制作完成后,通过替换功能把"X"替换为"※"即可。在做替换操作时,需将"单元格匹配"前面的钩去掉(否则会无法替换),然后按"替换"按钮一个一个替换,也可以按"全部替换"按钮,一次性全部替换完毕。

16. 快速输入相同文本

有时后面需要输入的文本前面已经输入过了,可以采取一些特殊的快速复制方法,而不是通常的复制粘贴方法来完成输入。

(1)如果需要在一些连续的单元格中输入同一文本(如"信息技术"),先在第一个单元格中输入该文本,然后用"填充柄"将其复制到后续的单元格中。

(2)如果需要输入的文本在同一列中前面已经输入过,当用户输入该文本前面几个字符时,系统会提示用户,用户只要直接按下 Enter 键就可以把后续文本输入。

（3）如果需要输入的文本与上一个单元格的文本相同，直接按下 Ctrl＋D（或 R）键就可以完成输入，其中 Ctrl＋D 是向下填充，Ctrl＋R 是向右填充。

（4）如果多个单元格需要输入相同文本，则可以在按住 Ctrl 键的同时，用鼠标选择需要输入同样文本的所有单元格，然后在焦点单元格输入该文本，再按下 Ctrl＋Enter 键即可，如图 3-27 所示。

	A	B	C	D
14				
15				
16				
17		45	45	45
18		45	45	45
19		45	45	45
20		45	119	45
21		45	45	45
22		45	45	45
23				

图 3-27　快速输入相同文本

17. 快速给数字加上单位

有时需要给输入的数值加上单位（如"立方米"等），少量的可以直接输入，而大量的如果一个一个地输入就显得太慢了。用下面的方法来实现单位的自动输入：先将数值输入相应的单元格中（仅限于数值），然后在按住 Ctrl 键的同时，选取需要加同一单位的单元格，选择"格式"→"单元格"命令，打开"单元格格式"对话框，在"数字"选项卡中，选中"分类"下面的"自定义"选项，再在"类型"下面的方框中输入"＃"立""方""米""，单击"确定"按钮后，单位"立方米"即一次性加到相应数值的后面，如图 3-28 所示。

图 3-28　快速给数字加上单位

18. 巧妙输入位数较多的数字

如果向 Excel 中输入位数比较多的数值(如身份证号码),则系统会将其转为科学计数的格式,与输入原意不相符,解决的方法是将该单元格中的数值设置成"文本"格式。如果用命令的方法直接去设置,也可以实现,但操作很慢。其实在输入这些数值时,只要在数值的前面加上一个英文单引号"'"就可以了。

19. 将 WPS/Word 表格转换为 Excel 工作表

有时需要将 WPS/Word 编辑过的表格转换成 Excel 工作表,可利用 Excel 的数据库操作、宏操作等功能进行处理分析,转换方法非常简单。

(1) 打开 WPS/Word 文档,选择整个表格,在"编辑"菜单中选择"复制"命令;

(2) 启动 Excel,打开 Excel 工作表,单击目标表格位置的左上角单元格,再在"编辑"菜单中选择"粘贴"命令即可。

20. 快速输入拼音

选中已输入汉字的单元格,然后选择"格式"→"拼音指南"→"显示或隐藏"命令,选中的单元格会自动变高,再选择"格式"→"拼音指南"→"编辑"命令,即可在汉字上方输入拼音。选择"格式"→"拼音指南"→"设置"命令,可以修改汉字与拼音的对齐关系,如图 3-29 所示。

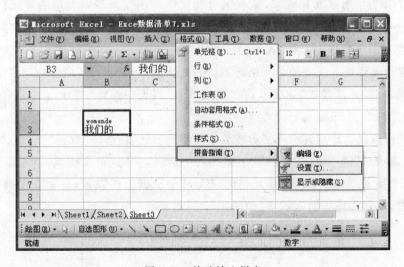

图 3-29 快速输入拼音

21. 插入"√"和"×"

首先选择要插入"√"的单元格,在字体下拉列表中选择 Marlett 字体,输入 a 或 b,即在单元格中插入了"√",输入字母 r 则插入"×",如图 3-30 所示。

22. 按小数点对齐

用以下两种方法可以使数字按小数点对齐。

(1) 选中位数少的单元格,根据需要单击格式工具栏上的"增加小数位数"按钮多次,将不足位数补以 0,如图 3-31 所示。

图 3-30　插入"√"和"×"　　　　　　　　图 3-31　按小数点对齐

（2）选中位数少的单元格，右击选择"设置单元格格式"命令，在弹出的对话框中单击"数字"选项卡，选中"数值"，在右面的"小数位数"中输入需要的小数位数，Excel 就会自动以 0 补足位数。同样，对于位数多的单元格，如果设置了较少的小数位数，程序会自动去掉后面的数字。

23. 对不同类型的单元格定义不同的输入法

一个工作表中通常既有数字，又有字母和汉字。在编辑不同类型的单元格时，需要不断地切换中英文输入法，这不但效率低，而且让人觉得很麻烦。下面的方法能让 Excel 针对不同类型的单元格，实现输入法的自动切换。

（1）选择需要输入汉字的单元格区域，选择"数据"→"有效性"命令，在"数据有效性"对话框中选择"输入法模式"选项卡，在"模式"下拉列表中选择"打开"选项，单击"确定"按钮。

（2）同样可以选择需要输入字母或数字的单元格区域，选择"数据"→"有效性"命令，选择"输入法模式"选项卡，在"模式"下拉列表中选择"关闭（英文模式）"，单击"确定"按钮。此后，当插入点处于不同的单元格时，Excel 会根据上述设置，自动在中英文输入法间进行切换，从而提高了输入效率，如图 3-32 所示。

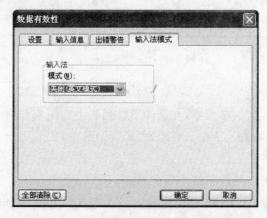

图 3-32　对不同类型的单元格定义不同的输入法

24. 在 Excel 中快速插入 Word 表格

（1）打开要处理 Word 表格的 Excel 文件，并调整好两个窗口的位置，以便看见表格和要插入表格的区域。

（2）选中 Word 中的表格，对任意选择区域按住鼠标左键，将表格拖到 Excel 工作表上，松开鼠标左键即可将表格拖放到 Excel 中的相应位置。

25. 在一个单元格中显示多行文字

（1）选定要设置格式的单元格。

（2）选择"格式"→"单元格"命令。

（3）在打开的"单元格格式"对话框中选择"对齐"选项卡。

（4）选择"自动换行"复选框即可，如图 3-33 所示。

图 3-33　在一个单元格中显示多行文字

26. 将网页上的数据引入到 Excel 表格

网页上表格形式的信息可以直接从浏览器上复制到 Excel 中，而且效果很不错。可以在网页上选中信息并复制它，然后将信息粘贴到 Excel 中；或者可以选中信息并将其拖放到 Excel 中。

使用这种"拖放"方法传输和处理任何基于网络的表格数据会显得非常简单并且非常快捷。在 Excel 2003 中，可以像使用 Excel 工作表那样打开 Html 文件，并获得同样的功能、格式及编辑状态，如图 3-34 所示。

27. 取消超级链接

下面介绍两个方法，可以让用户方便地取消 Excel 中的超级链接。

（1）如果正在输入 URL 或 E-mail 地址，在输入完毕后敲回车键，刚才输入的内容会变成蓝色，此时单击智能标记选择"撤销超链接"命令即可。

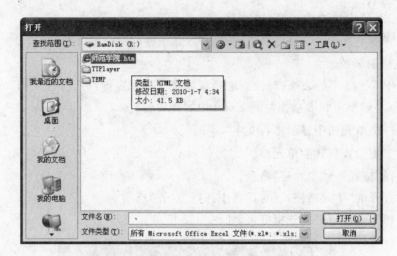

图 3-34 将网页上的数据引入到 Excel 表格

（2）如果在工作表中已存在超级链接，右击单元格，在快捷菜单中选择"取消超链接"命令即可。

28. 设置单元格文本对齐方式

选择要设置文本对齐的单元格，选择"格式"→"单元格"命令，选择"对齐"选项卡，然后根据需要设置文本的水平对齐和垂直对齐方式即可。

29. 输入人名时使用"分散对齐"

在 Excel 表格中输入人名时为了美观，一般要在两个字的人名中间空出一个字的间距。按空格键是一个办法，但是还有更好的方法。以一列为例，人名输入后，进行如下操作。

（1）选中该列，选择"格式"→"单元格"→"对齐"命令。

（2）在"水平对齐"中选择"分散对齐"，最后将列宽调整到最合适的宽度，整齐美观的名单就做好了。

30. 隐藏单元格中的所有值

当需要将单元格中所有值隐藏起来时，可以选择包含要隐藏值的单元格。

（1）选择"格式"→"单元格"命令，选择"数字"选项卡。

（2）在"分类"列表中选择"自定义"选项，然后将"类型"文本框中已有的代码删除，输入"；；；"（3 个英文分号）即可。

提示：为什么会出现这种情况呢？其实单元格数字的自定义格式是由正数、负数、零和文本 4 个部分组成。这 4 个部分用 3 个分号分隔，哪个部分空，相应的内容就不会在单元格中显示。现在都空了，当然就都不显示了，如图 3-35 所示。

31. 恢复隐藏列

（1）选择隐藏列两边列上的单元格，然后选择"格式"→"列"→"取消隐藏"命令就可以恢复隐藏的列。

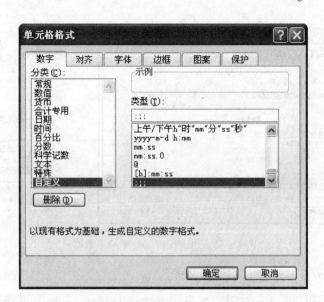

图 3-35 隐藏单元格中的所有值

（2）恢复隐藏列还有一种快捷方法：将鼠标指针放置在列标的分割线上，例如，若已隐藏了 B 列，则将鼠标指针放置在 A 列和 C 列的列标分割线上，然后轻轻地向右稍微移动鼠标指针，直到鼠标指针从两边有箭头的单竖变为两边有箭头的双竖杠，此时拖动鼠标就可以打开隐藏的列。

32. 用快捷键隐藏/显示选中单元格所在行和列

在 Excel 中隐藏行或列，通常可以通过格式菜单中的行或列选项中的隐藏来实现，或者是选中行号或列标后通过鼠标右键的快捷菜单来完成。除此之外也可以通过下面的快捷方式来实现。

快速隐藏选中单元格所在行：Ctrl＋9

快速隐藏选中单元格所在列：Ctrl＋0

取消行隐藏：Ctrl＋Shift＋9

取消列隐藏：Ctrl＋Shift＋0

33. 用下拉列表快速输入数据

如果某些单元格区域中要输入的数据有指定要求，如学历（小学、初中、高中、本科）等，这时就可以设置下拉列表来实现选择输入。

选取需要设置下拉列表的单元格区域，选择"数据"→"有效性"命令打开"设置"选项卡，在"允许"下拉列表中选择"序列"选项，在"来源"文本框中输入设置下拉列表所需的数据序列，如"小学、初中、高中、本科"，并确保复选框"提供下拉箭头"被选中，单击"确定"按钮即可。

这样在输入数据的时候，就可以单击单元格右侧的下拉箭头选择输入数据，从而加快了输入速度，如图 3-36 所示。

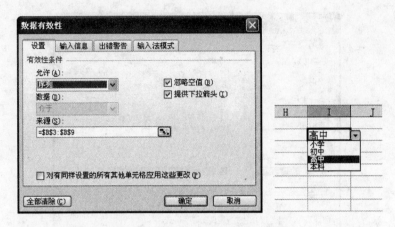

图 3-36　用下拉列表快速输入数据

34．用自动更正快速输入自定义短语

使用该功能可以把经常使用的文字定义为一条短语，当输入该条短语时，"自动更正"便会将它更换成所定义的文字。

定义"自动更正"项目的操作步骤如下。

（1）选择"工具"→"自动更正选项"命令，在弹出的"自动更正"对话框中的"替换"文本框中输入短语，如"电脑报"，在"替换为"文本框中输入要替换的内容，如"电脑报编辑部"。

（2）单击"添加"按钮，将该项目添加到项目列表中。

（3）单击"确定"退出。以后只要输入"电脑报"，则"电脑报编辑部"这个短语就会输入到表格中。

35．设置单元格背景色

选择要设置背景色的单元格，选择"格式"→"单元格"命令，然后选择"图案"选项卡，要设置带有图案的背景色，请在"颜色"框中单击选中一种颜色，然后单击"图案"下拉菜单，选择所需的图案样式和颜色即可。

36．快速在多个单元格中输入相同公式

先选定一个区域，在其中任意一个单元格内输入公式，然后按 Ctrl＋Enter 组合键，就可以在区域内的所有单元格中输入同一公式。

37．同时在多个单元格中输入相同内容

同上操作，选定需要输入数据的单元格，单元格可以是相邻的，也可以是不相邻的，然后输入相应数据，按 Ctrl＋Enter 键即可。

38．快速输入日期和时间

（1）当前日期：选取一个单元格，并按 Ctrl＋;。

（2）当前时间：选取一个单元格，并按 Ctrl＋Shift＋;。

（3）当前日期和时间：选取一个单元格，并按 Ctrl＋;，然后按空格键，最后按 Ctrl＋Shift＋;。

注意：当用户使用这个技巧插入日期和时间时，所插入的信息是静态的。要想自动更新信息，必须使用 TODAY() 和 NOW() 函数。

39. 将复制的单元格安全地插入到现有单元格之间

如果想将一块复制的单元格插入到其他行或列之间，而不是覆盖这些行或列，可以通过下面这个简单的操作来完成：选择将要复制的单元格，并做"复制"操作，在工作表上选择将要放置被复制单元格的区域，然后按下 Ctrl＋Shift＋ ＋，在"插入"对话框中选择周围单元格的转换方向，然后单击"确定"按钮。复制状态的单元格内容就插入到合适位置，而无须担心它们覆盖原有的单元格数据，如图 3-37 所示。

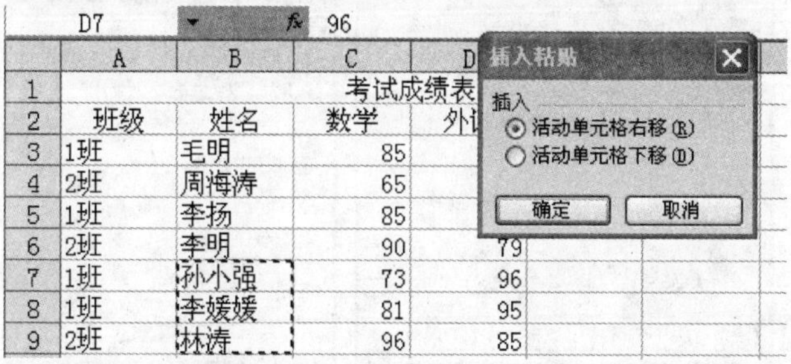

图 3-37 将复制的单元格安全地插入到现有单元格之间

40. 在 Excel 中冻结固定某些行

操作步骤很简单：选择要固定行紧邻的下一行，选择"窗口"→"冻结窗格"命令即可。被冻结的列不会滚动，而且在移动工作簿的其他部分时，列标题会始终保持可见，如图 3-38 所示。

41. 冻结某行某列或行列交叉冻结

选中想冻结的行和列交叉的单元格的右下单元格，如想冻结 A 列、第 2 行，选 B3 单元格。单击窗口菜单"冻结窗格"即可。如只想冻结某行或列，则选下一行或下一列的第一个单元格后进行"冻结窗格"操作即可，如图 3-39 所示。

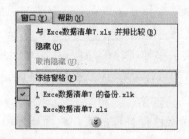

图 3-38 在 Excel 中不丢掉列标题的显示

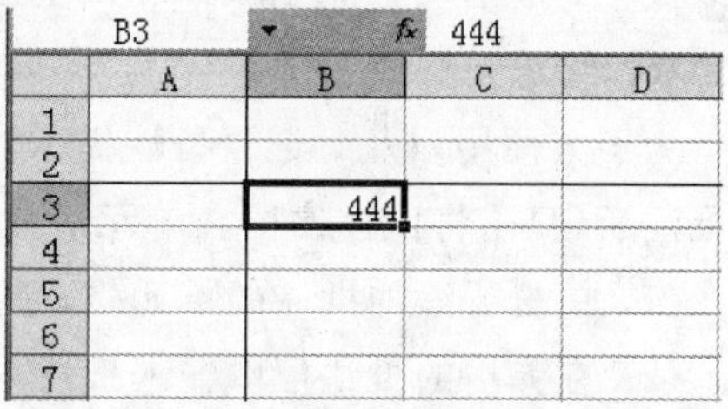

图 3-39 冻结某行某列或行列交叉冻结

42. 快速复制同列上面的单元格内容

选中下面的单元格，按 Ctrl＋'（单引号）组合键，即可将上一单元格的内容快速复制下来，而且可以复制多次。

43. 使用自定义序列排序

在 Excel 排序对话框中选择主要关键字后单击选项,可以选择自定义序列作为排序依据,使排序方便快捷且更易于控制,而且排序可以选择按列或按行。自定义排序只应用于"主要关键字"中的特定列(如图 3-40 所示),对"次要关键字"无法使用自定义排序。若要用自定义排序对多个数据列排序,则可以逐列进行。例如,要根据列 A 或列 B 进行排序,可先根据列 B 排序,然后通过"排序选项"对话框确定自定义排序次序,下一步就是根据列 A 排序。

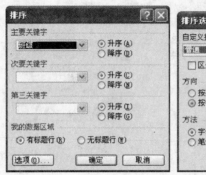
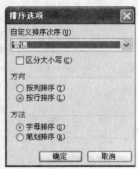

图 3-40　使用自定义序列排序

44. 单元格格式对话框的打开快捷键

如果想要快速打开 Excel 的单元格格式对话框,以便修改诸如字样、对齐方式或边框等选项,可以直接用 Ctrl+1 组合键。

45. 在 Excel 中快速编辑单元格

如果希望使用键盘对 Excel 进行操作,可以使用一个快捷键 F2,这样用户的手就不用离开键盘了。方法如下:选择要编辑的单元格,按下 F2,编辑单元格内容,编辑完成后,按 Enter 键确认所做修改,或者按 Esc 键取消修改。

注意:这个技巧在 Excel 编辑超级链接时非常方便,因为在使用鼠标单击单元格的超级链接时将自动打开 Internet 浏览器窗口,使用按键 F2 操作就不会打开浏览器。

46. 给单元格添加批注

为了方便用户及时记录备注提示信息,Excel 提供了添加批注的功能,在给单元格进行批注后,只需将鼠标停留在单元格上,就可看到相应的批注文字。

(1) 单击要添加批注的单元格,选择"插入"→"批注"命令。

(2) 在弹出的批注框中输入批注内容,输好后单击批注框外部的工作表区域即可。

在添加批注之后单元格的右上角会出现一个小红点,提示该单元格已被添加了批注。将鼠标移到该单元格上就可以显示批注。

47. 快速修改单元格次序

在实际操作的过程中,有时需要快速修改单元格内容的次序。

(1) 首先用鼠标选定单元格,同时按下键盘上的 Shift 键。

（2）接着移动鼠标指针到单元格边缘，直至出现拖放指针箭头，最后进行拖放操作。

在上下拖拉时鼠标在单元格的边界处会变成一个水平"工"状标志，左右拖拉时会变成垂直"工"状标志，释放鼠标按钮完成操作后，单元格间的次序即发生了变化，如图 3-41 所示。

	A	B	C	D
1				考试成绩表
2	班级	姓名	数学	外语
3	1班	毛明	85	77
4	2班	李扬	65	70
5	1班	李明	85	86
6	2班	孙小强	90	79
7	1班	周海涛	73	96
8	1班	李媛媛	81	95
9	2班	林涛	96	85
10			B9	

图 3-41　快速修改单元格次序

3.3　图形和图表编辑技巧

1. 在网上发布 Excel 生成的图形

Excel 的重要功能之一就是能快速方便地将工作表数据生成柱状、饼状、折线等分析图表。

（1）首先选择"工具"→"选项"命令，打开"选项"对话框，在"常规"选项卡中单击"Web 选项"按钮打开"Web 选项"对话框。

（2）选择是否采用便携网络图形格式 PNG 存储文件，以加快下载速度和减少占用磁盘存储空间，但要注意这一格式的图形文件将要求浏览器支持，并非对所有浏览器都合适。如果未选择 PNG 图形格式，Excel 会自动选择并转换为 GIF、JPG 格式文件，并创建名为"文件名 files"的子文件夹来保存转换过的图形。

（3）Excel 也会支持文件指定文件名，例如 image01.jpg 和 image02.jpg 等。若在Web 发布时选中图表的"选择交互"选项框，则生成的 Web 页面将保留 Excel 的图形与表格数据互动的功能，即页面中显示数据表格和对应分析图形，用户如果改变表格中的数据，则对应图形随之发生改变。

但要注意的是，这一交互并不能刷新存放在服务器端的数据表数据，如果要刷新或修改服务器端的数据，则须利用 VB 等编写脚本程序，如图 3-42 和图 3-43 所示。

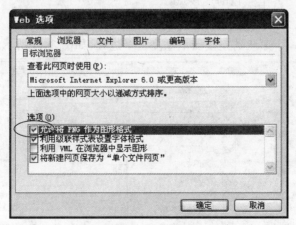

图 3-42　在网上发布 Excel 生成的图形(1)

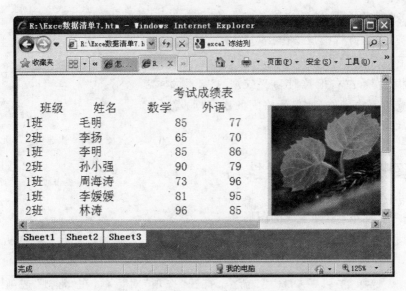

图 3-43　在网上发布 Excel 生成的图形(2)

2. 创建图表连接符

在绘制了一些基本图表以后,经常需要用直线、虚线和箭头来连接它们,并说明图表中的关系。Excel 2003 提供了真正的图表连接符,这些线条在基本形状的预设位置保持连接,在移动基本形状时,连接符与它们一起移动,而不需要用户手工绘制它们。创建连接符的操作步骤如下。

(1) 首先绘制需要连接的基本形状。

(2) 在"绘图"工具栏上单击自选图形按钮,选择"连接符"选项。

(3) 选中需要使用的连接符类型。

(4) 鼠标指针将变成带有 4 条放射线的方形,当鼠标停留在某个圆形上时,图形上预先定义的点将变成边界上彩色的连接点。

(5) 单击圆形上希望使用连接符连接的点。

(6) 然后在另一个形状的连接点上重复这个过程,如图 3-44 所示。

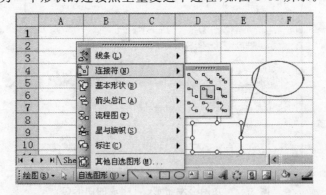

图 3-44　创建图表连接符

3. 将 Excel 单元格转换成图片形式插入到 Word 中

假如要把 Excel 中某些单元格区域转换成图片形式,可以按下面的步骤操作。

(1) 先选中要进行转换的单元格区域,然后按住 Shift 键。

(2) 选择"编辑"→"复制图片"命令,在弹出的"复制图片"对话框中,可选择"如屏幕所示"和"如打印效果"两种显示方式(如图 3-45 所示)。

图 3-45 将 Excel 单元格转换成图片形式插入到 Word 中

(3) 如果选择"如屏幕所示",还可以进一步选择"图片"和"位图"两种格式。

(4) 在这里选择"如屏幕所示"和"图片"单选按钮,并单击"确定"按钮。

(5) 然后进入 Word 中,选择"编辑"→"粘贴"命令,即可将选中的 Excel 单元格区域以图片形式粘贴过来。

如果用户没用添加表格框线,那么选择"如打印效果"后,在进行"粘贴图片"操作后图片中没有边框;如果选择"如屏幕所示"选项,"粘贴图片"操作后,图片会有与屏幕显示一样的边框。

4. 将 Word 内容以图片形式插入到 Excel 表格中

(1) 首先在 Word 中选中要复制的内容,然后选择"编辑"→"复制"命令。

(2) 进入 Excel 中,按住 Shift 键,选择"编辑"→"粘贴图片"命令即可,且在该图片上双击,还可用 Word 方式进行文字修改,如图 3-46 所示。

5. 将 Word 中的内容作为图片链接插入 Excel 表格中

同上例类似,首先在 Word 中选中要复制的内容,然后选择"编辑"→"复制"命令,进入 Excel 中,按住 Shift 键,选择"编辑"→"粘贴链接图片"命令可将选中内容作为一个图片链接插入到 Excel 中。

6. 在独立的窗口中处理内嵌式图表

在某些情况下,用户可能希望在独立的窗口中处理内嵌式图表,例如,一个图表比工

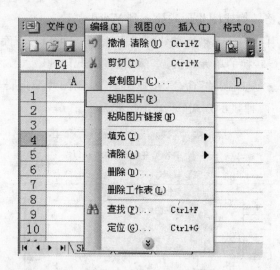

图 3-46 将 Word 内容以图片形式插入到 Excel 表格中

作表窗口大的话,那么在它自己的窗口中处理它将更容易、更灵活。要在一个单独的窗口中处理图表,可在图表区右击,并从快捷菜单中选择"图表窗口"。

7. 在图表中显示隐藏数据

通常,Excel 不对隐藏单元格的数据制图。但是,用户也许不希望隐藏的数据从图表中消失,可以这样操作:首先激活图表,选择"工具"→"选项"→"图表"命令,在"图表"选项卡中取消选择"只绘制可见单元格数据"复选框。

要注意的是,"只绘制可见单元格数据"只适用于激活的图表,因此,在进行这个操作之前,必须激活图表,否则"只绘制可见单元格数据"选项是不可选的,如图 3-47 所示。

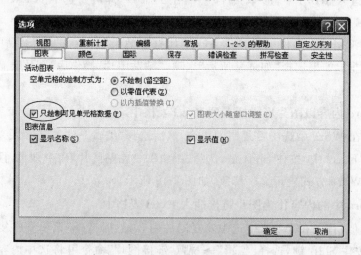

图 3-47 在图表中显示隐藏数据

8. 在图表中增加文本框

可以在图表中的任何地方增加能够移动的文本内容(不限于标题)。操作步骤:选定图表除标题或数据系列外的任何部分,然后在编辑栏中输入文本内容,接着按回车键,这样,图表中就自动生成包含输入内容的文本框,如图3-48所示。

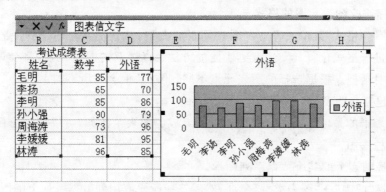

图3-48 在图表中增加文本框

9. 建立文本与图表文本框的链接

在工作表的空白单元格内输入要链接的文本,单击选中图表,在编辑栏输入等号,然后单击包含要链接文本的单元格,接着按回车键,该文本就出现在图表中的某个位置上了。当工作表单元格内的文本发生变化时,图表内的文本也会随之改变,如图3-49所示。

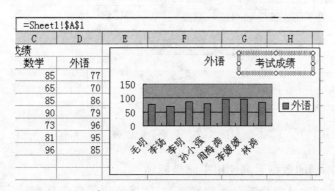

图3-49 建立文本与图表文本框的链接

10. 给图表增加新数据系列

方法1:用"数据源"对话框激活图表,选择"图表"→"源数据"→"系列"→"添加"命令,在"名称"栏中指定数据系列的名称,在"值"栏中指定新的数据系列,单击"确定"按钮。

方法2:使用"选择性粘贴"对话框。先选择要增加的数据系列并将其复制到剪贴板上,再选中图表,选择"编辑"→"选择性粘贴"命令,选中"新建系列"选项,单击"确定"按钮即可。

方法3:拖动鼠标法。选择要增加为新数据系列的单元格区域,鼠标指针指向该区域的边框,把它拖到图表中。注意:此方法仅对内嵌式图表起作用。

方法4：使用"添加数据"对话框激活图表，选择"图表"→"添加数据"命令，然后选择要增加为新数据系列的单元格区域，单击"确定"按钮即可。

11. 快速修改图表元素的格式

通常，使用"格式"菜单或者选定图表元素后右击，从快捷菜单中选择"格式"命令来对图表元素进行格式化。其实还有更快捷的方法：直接双击图表元素，将会调出此图表元素的格式对话框。根据选择的图表元素不同，此对话框会有所不同。

12. 创建复合图表

复合图表指的是由不同图表类型的系列组成的图表。比如，可以让一个图表同时显示折线图和柱形图。

(1) 选择图表上的某个数据系列图形。

(2) 选择"图表"→"图表类型"命令，然后选择所要应用到数据系列上的图表类型，单击"确定"按钮即可，如图 3-50 所示。

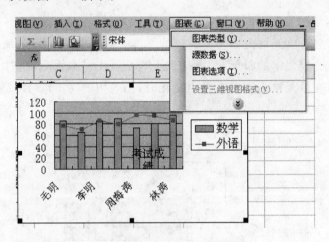

图 3-50　创建复合图表

13. 对度量不同的数据系列使用不同坐标轴

有时，需要绘制度量完全不同的数据系列，如果使用同样的坐标轴，那么很可能某个系列几乎是不可见的。为了使得每个系列都清晰可见，可以使用辅助坐标轴。

要为某个数据系列指定一个辅助坐标轴，首先要选定图表中的这个数据系列，然后按右键弹出快捷菜单，选择"数据系列格式"→"坐标轴"命令，选择"次坐标轴"单选按钮，如图 3-51 所示。

14. 将自己满意的图表设置为自定义图表类型

Excel 中提供了一些自定义图表类型。其实，可以将自己创建的图表设置为自定义图表类型，以便以后使用。

(1) 创建要设置为自定义图表类型的图表，直到满意为止。

(2) 激活此图表，选择"图表"→"图表类型"→"自定义类型"命令，选中"自定义"单选按钮，将会显示所有用户自定义图表类型的一个列表。

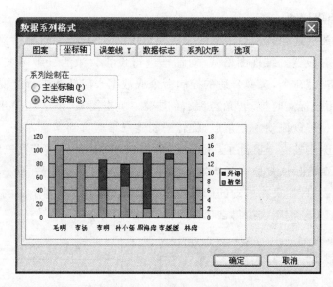

图 3-51　对度量不同的数据系列使用不同坐标轴

（3）单击"添加"按钮，将会出现"添加自定义图表类型"对话框，为自己的图表类型输入一个名称和简短的说明，然后单击"确定"按钮，这样用户定制的自定义图表类型就被加入到列表中了，如图 3-52 所示。

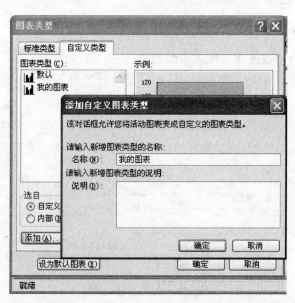

图 3-52　将自己满意的图表设置为自定义图表类型

15. 复制自定义图表类型

如果希望将自己定制的自定义图表类型复制到其他计算机中，只需要简单地把 C:\Windows\ApplicationData\Microsoft Excel 文件夹中的 xlusrgal. xls 文件复制到其他计算机的相同的文件夹中即可。

16. 旋转三维图表

也可以非常灵活地旋转调节三维图表的视觉角度,以获得不同的视觉效果。

方法1:使用"设置三维视图格式"对话框进行设置。激活三维图表,选择"图表"→"设置三维视图格式"命令,选择合适的控制命令或数据来旋转和进行透视改变。

方法2:使用鼠标实时拖动"角点"旋转图表。单击图表,图表边角出现黑色的控制点(称为"角点")。可以拖动一个角点,旋转图表的三维框直到满意为止。

一旦自己的图表被完全搞乱了,不要紧,可以选择"图表"→"设置三维视图格式"命令,单击"默认值"按钮,恢复原来的标准三维视图。

旋转三维图表时,如果在拖动的同时按下 Ctrl 键,则可以看到全图的外廓,这样使用户看得更清楚,不至于把图表搞得奇形怪状的,如图 3-53 所示。

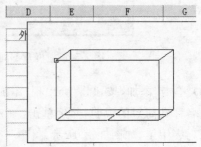

图 3-53　旋转三维图表

17. 拖动图表数据点改变工作表中的数值

选择图表数据系列中的一个数据点,然后按照数值增大或减少的方向拖动数据点,就会发现工作表中的相应数值随着图中数据点的新位置而改变。如果用户知道一个图的外形并能确定能生成该图的数值,这种技巧就显得非常有用。但要注意的是,这种方法在大多数情况下是危险的,因为很可能在不经意间更改了不应该更改的数值,如图 3-54 所示。

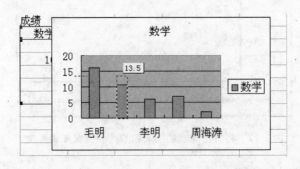

图 3-54　拖动图表数据点改变工作表中的数值

18. 把图片合并进自己的图表

Excel 能很容易地把一个图案、图形文件作为组成元素合并到图表中。

方法1：使用"图案"对话框。双击某个数据系列，选择"图案"选项卡，单击"填充效果"按钮，在"填充效果"对话框中选择"图片"选项卡，单击"选择图片"按钮，选择一个要使用的图形文件即可。

方法2：使用剪贴板。将图像复制到剪贴板上，激活图表，选择数据系列或数据系列中的一个数据点，再选择"编辑"→"粘贴"命令。这种方法适用于需要调用的图像不在文件中的时候，只要图像可以复制到剪贴板上，这种方法就可行。

方法3：使用链接图片。众所周知，图表中可以使用数据表。但如果觉得图表中的数据表不是很灵活的话，可以粘贴链接图片到图表代替数据表。具体的操作方法如下：创建好图表，并将数据表使用的单元格区域按需要进行格式化。选定需要的单元格区域，按住 Shift 键，选择"编辑"→"复制图片"命令，出现一个"复制图片"对话框，单击"确定"按钮接受默认选项。

这样，选定的单元格区域就作为一个图片复制到剪贴板中了。激活图表，将剪贴板中的内容粘贴到图表。此时所粘贴的是一幅图，还不是链接的表，还需要用户选择粘贴的图片。在编辑栏输入链接的单元格区域，或者直接用鼠标选择。这样，粘贴的图片就变成与工作表数据区域链接的图片，工作表单元格区域中的数据发生任何改变，都会直接反映在图表链接的图片中。

19．用图形显示单元格数据

（1）首先在"绘图"工具栏上单击"自选图形"按钮，然后选择"其他自选图形"选项，从中选择一个需要的图案。

（2）单击"编辑栏"，通过"＝"号输入自己想要突出链接显示的某一个单元格，然后回车确认，如图 3-55 所示。

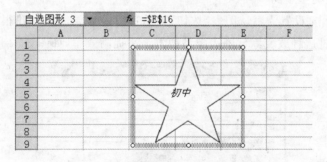

图 3-55　让文本框与工作表网格线合二为一

如果想要让自选图形更加醒目的话，可以打开"设置自选图形格式"对话框。在对话框中设置修改目前所使用的格式，例如调整文字对齐位置、字体字号、背景色等。

20．让文本框与工作表网格线完全重合

在"绘图"工具栏中单击"文本框"按钮，然后按住 Alt 键插入一个文本框，就能保证文本框的边界与工作表网格线重合，如图 3-56 所示。

21. 快速创建默认图表

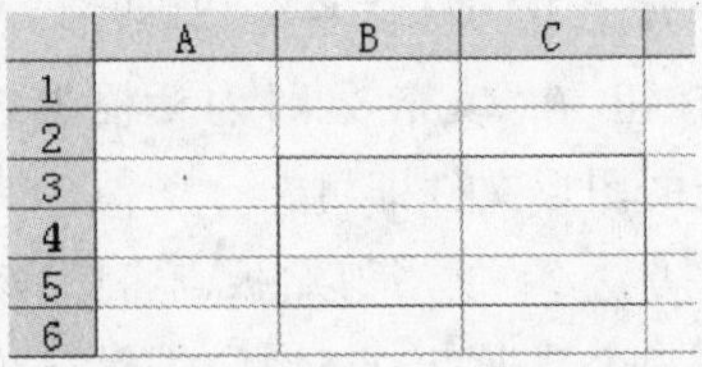

创建图表一般使用"图表向导"分 4 个步骤来完成,在每个步骤中可以根据需要调整各个选项的设置。其实,如果想使用默认的图表类型、图表选项和格式而不加修改直接生成图表的话,还有更快速的方法:打开包含用来制作

图 3-56　让文本框与工作表网格线完全重合

图表数据的工作表,选取用来制作图表的数据区域,然后按 F11 键即可快速创建图表,图表存放在新工作表图表中,它是一个二维簇状柱形图。

另外,在选好单元格后按下 Alt＋F1 组合键,也可以实现快速创建图表的功能。

22. 快速创建内嵌式图表

在工作表中选取用来制作图表的数据区域,然后单击"默认图表"按钮即可。

一般默认时,"默认图表"工具按钮不会显示在工具栏上,而是需要通过下面的方法显示出来:选择"工具"→"自定义"命令,打开"命令"选项卡,在"类别"列表框中选择"制作图表"选项,并在"命令"列表框中找到"默认图表"选项,用鼠标把它拖到工具栏的适当位置即可。

23. 改变默认图表类型

Excel 的默认图表类型是"二维柱形图",图表格式特征是有一个浅灰色区域、一个在右边的图例以及水平网格线。如果不喜欢这种默认图表类型,可以通过以下方法来改变它:

(1)选择"图表"→"图表类型"命令,选择一个想作为默认值的图表类型,它可以是标准类型或自定义类型中的一种;

(2)然后单击"设置为默认图表"按钮,确认即可。如果需要创建很多个同一类型的图表,就可以通过这种改变默认图表类型的方法来提高效率,如图 3-57 所示。

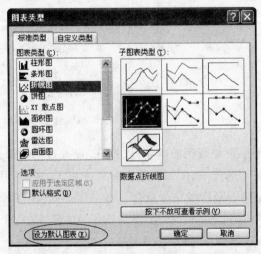

图 3-57　改变默认图表类型

24. 快速转换内嵌式图表与新工作表图表

可以轻易转换内嵌式图表与新工作表图表,方法是:选择已创建的图表,可以看到 Excel 的"数据"菜单变为"图表"菜单,选择"图表"→"位置"命令,出现"图表位置"对话框,可以在"作为新工作表插入"和"作为其中的对象插入"两者之间作出选择,同时选择一个工作表。这样,Excel 将删除原来的图表,以用户选择的方式移动图表到指定的工作表中。

25. 利用图表工具栏快速设置图表

通常,用户会使用"图表"菜单中的命令来对图表进行适当的设置。其实,可以右击工具栏中的任意位置,在出现的快捷菜单中选择"图表"选项,这样就激活了图表工具栏,就可以用工具栏来快速设置图表了。当然还可以通过自定义的方法将"默认图表"等其他一些制作图表的工具按钮拖到图表工具栏中。

26. 快速选取图表元素

图表区包括整个图表和它的全部元素,在选取图表区后,就可以看到 8 个黑色小方块。要想调整单个的图表对象,首先必须选取该对象,然后更改其属性。通过鼠标选取某些较小的图表对象可能会很困难,特别是在一个拥挤的很小图表中。在这种情况下,可以使用位于"图表"工具栏上左侧的"图表对象"下拉列表,从该下拉列表中选取的项目,也就等于在当前图表中选取了那个项目,如图 3-58 所示。

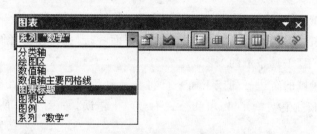

图 3-58 快速选取图表元素

其实,还有一种选取图表元素的方法,就是在选取图表的任何一部分以后,可以通过使用箭头键快速、连续地移向同一图表中的其他部分。使用向上或向下的箭头键可以选取主要的图表元素;使用向左或向右的箭头键可以连续地选取图表中每一个可以选取的元素,包括每一个数据系列中的单个数据点,以及图例中的彩色图例符号和文本条目。

27. 绘制平直直线

在应用直线绘制工具时,只要按下 Shift 键,绘制出来的直线就是平直的。另外,按下 Shift 键绘制矩形即变为正方形、绘制椭圆形即变为圆形,与 Word 里面的操作方法完全一样。

3.4　函数和公式编辑技巧

1. 巧用 IF 函数清除 SUM 求和为 0 的数据

有时引用的单元格区域内没有数据，Excel 仍然会计算出一个结果"0"，这样使得报表非常不美观，看起来也很别扭。怎样才能去掉这些无意义的"0"呢？利用 IF 函数可以有效地解决这个问题。

IF 函数是使用比较广泛的一个函数，它可以对数值的公式进行条件检测，对真假值进行判断，根据逻辑测试的真假返回不同的结果。

它的表达式为：

IF(logical_test,value_if_true,value_if_false)

公式"＝IF(SUM(B1:C1),SUM(B1:C1)，"")"，其所表示的含义为：如果单元格 B1 到 C1 内有数值，则求和为真，区域 B1 到 C1 中的数值将被进行求和运算；反之，单元格 B1 到 C1 内没有任何数值，求和为假，那么显示为空字符串。

2. 批量一次性求和

对数字求和是经常遇到的操作，除输入求和公式并复制外，对于连续区域求和可以采取如下操作步骤实现计算。

（1）假定求和的连续区域为 m×n 的矩阵型，并且此区域的右边一列和下面一行为空白，用鼠标将此区域选中并包含其右边一列或下面一行，也可以两者同时选中。

（2）单击"常用"工具条上的∑图标。

（3）在选中区域的右边一列或下面一行将会自动生成求和公式，并且系统能自动识别选中区域中的非数值型单元格，求和公式不会产生错误，如图 3-59 所示。

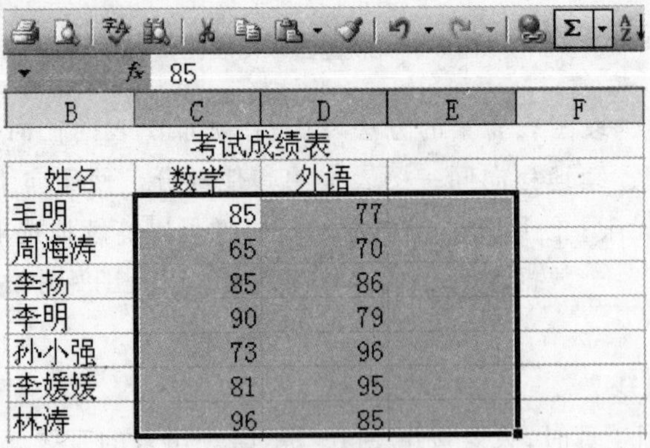

B	C	D	E	F
	考试成绩表			
姓名	数学	外语		
毛明	85	77		
周海涛	65	70		
李扬	85	86		
李明	90	79		
孙小强	73	96		
李媛媛	81	95		
林涛	96	85		

图 3-59　批量求和

3. 利用公式求加权平均值

加权平均在财务核算和统计工作中经常用到，并不是一项很复杂的计算，关键是要理解加权平均值其实就是总量值（如金额）除以总数量得出的单位平均值，而不是简单地将各个单位值(如单价)平均后得到的那个单位值。在 Excel 中可用一个简单的除法公式来完成,分母是各个量的数量之和,分子是相应的各个数量之和,其结果就是这些量值的加权平均值。

4. 防止编辑栏显示公式

有时候可能不希望让其他用户看到自己的公式,即单击选中包含公式的单元格时,在编辑栏不显示公式。为防止编辑栏中显示公式,可按以下方法设置:

(1)右击要隐藏公式的单元格区域,从快捷菜单中选择"设置单元格格式"选项,选择"保护"选项卡,选中"锁定"和"隐藏"复选框,如图 3-60 所示。

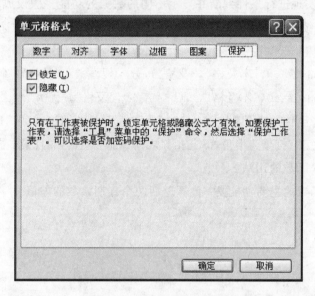

图 3-60 防止编辑栏显示公式

(2)然后再选择"工具"→"保护"→"保护工作表"命令,打开"保护工作表"对话框,在"允许此工作表的所有用户进行"列表框中选取相应选项,单击"确定"按钮以后,用户将不能在编辑栏或单元格中看到已隐藏的公式,也不能编辑公式,如图 3-61 所示。

5. 解决 SUM 函数中参数的数量限制

Excel 中 SUM 函数的参数不得超过 30 个,假如需要用 SUM 函数计算 50 个单元格 A2、A4、A6、A8、A10、A12、…、A96、A98、A100 的和,使用公式 SUM(A2,A4,A6,…,A96,A98,A100) 显然是不行的,Excel 会提示"太多参数"。其实,只需使用双组括号的

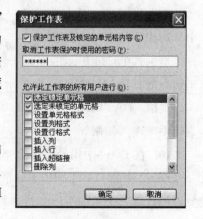

图 3-61 保护工作表

SUM 函数 SUM((A2,A4,A6,……,A96,A98,A100))即可。稍作变换即解决了 SUM 函数和其他拥有可变参数函数的参数数量限制问题。

6. 在绝对与相对单元引用之间切换

操作方法是：选中包含公式的单元格,在公式栏中选择想要改变的单元格引用,按下 F4 键即可进行切换。

7. 快速查看所有工作表公式

要想在显示单元格值或单元格公式之间来回切换,只需按下 Ctrl+`组合键(与"～"符号位于同一键上。在绝大多数键盘上,该键位于"1"键的左侧)。

8. IF 函数嵌套的多条件判断操作

IF 函数可以实现进行条件判断并显示不同的数据的功能。假设成绩分数存放在 B3 单元格中,要将成绩等级显示在 C3 单元格中。那么在 C3 单元格中输入以下公式实现不同的等级。

公式：=if(b3<=60,"不及格","及格"),分"不及格"和"及格"2 个等级；

公式：=if(b3<=60,"不及格", if(b3<=90,"及格","优秀")),分 3 个等级；

公式：=if(b3<=60,"不及格", if(b3<=70,"及格", if(b3<90,"良好","优秀"))),分为 4 个等级。注意：符号为半角,IF 与括弧之间不能有空格,而且最多嵌套 7 层。

9. DATEDIF 函数的用法

DATEDIF 函数的主要功能是：计算返回两个日期参数的差值。

格式：

= DATEDIF(date1,date2, "y") ;

或

= DATEDIF(date1,date2,"d");

参数说明：date1 代表前面一个日期,date2 代表后面一个日期；y(m、d)要求返回两个日期相差的年(月、天)数。

举例：在 C23 单元格中输入公式：=DATEDIF(A23,TODAY(),"y"),确认后返回系统当前日期(用 TODAY()表示)与 A23 单元格中日期相差的年数。

提醒：DATEDIF 函数是 Excel 中的一个隐藏函数,在函数向导中是找不到的,可以直接手工输入使用。

10. 在 Excel 中用函数计算年龄

Excel 中的 DATEDIF() 函数可以计算两单元格之间的年、月或日数。因此,这个函数使得计算一个人的年龄变得容易了。在一个空白工作表中的 A1 单元里输入生日,用斜线分隔年、月和日,在 A2 单元中输入公式：=DATEDIF(A1,TODAY(),"y"),然后按 Enter,这个人的年龄将被计算显示在 A2 单元中。

11. VLOOKUP 函数的数据查找

VLOOKUP 函数是一个非常有用的函数,该函数用于在一个表格或数值数组的首列查找指定的数值,并由此返回表格或数组当前行中指定列处的数值。当要比较值位于数据表首行时,可以使用函数 HLOOKUP 代替函数 VLOOKUP。

在 VLOOKUP 中的 V 代表垂直。VLOOKUP 函数的语法定义如下:

```
VLOOKUP(lookup_value,table_array,col_index_num,range_lookup);
```

lookup_value 为需要在数组第一列中查找的数值。Lookup_value 可以为数值、引用或文本字符串。

table_array 为需要在其中查找数据的数据表。可以使用区域或区域名称的引用,例如数据清单或列表。table_array 的第一列中的数值可以为文本、数字或逻辑值。

如果 range_lookup 为 TRUE,则 table_array 的第一列中的数值必须按升序排列,否则,函数 VLOOKUP 不能返回正确的数值。如果 range_lookup 为 FALSE,则 table_array 的第一列不需要进行升序排序。

col_index_num:该参数为 table_array 中待返回的匹配值的列序号。col_index_num 为 1 时,返回 table_array 第一列中的数值;col_index_num 为 2,返回 table_array 第二列中的数值,以此类推。如果 col_index_num 小于 1,函数 VLOOKUP 返回错误值 #VALUE!;如果 col_index_num 大于 table_array 的列数,函数 VLOOKUP 返回错误值 #REF!。

range_lookup:该参数为一逻辑值,指明函数 VLOOKUP 匹配时是精确匹配还是近似匹配。如果为 TRUE 或省略,则返回近似匹配值,也就是说,如果找不到精确匹配值,则返回小于 lookup_value 的最大数值;如果 range_value 为 FALSE,函数 VLOOKUP 将返回精确匹配值,如果找不到精确匹配值 lookup_value,则返回错误值 #N/A。

说明:如果参数 range_lookup 为 TRUE,函数 VLOOKUP 找不到精确匹配值 lookup_value,则函数返回小于 lookup_value 的最大值;如果 lookup_value 还小于 table_array 第一列中的最小数值(也就是比升序排序后的第一行值还小),则返回错误值 #N/A。

公式举例:=VLOOKUP(F2,Sheet1!$B$2:$C$5,2,FALSE)。

3.5　数据处理

1. 跨表操作数据

设有名称为 Sheet1、Sheet2 和 Sheet3 的三张工作表,现要用 Sheet1 的 D8 单元格的内容乘以 40%,再加上 Sheet2 的 B8 单元格内容乘以 60%作为 Sheet3 的 A8 单元格的内容,则应该在 Sheet3 的 A8 单元格输入以下计算公式:=Sheet1!D8 * 40%+Sheet2!B8 * 60%。

2. 拆分窗口显示同工作表中不同位置处的内容

在 Excel 中,若要将距离较远的两列数据(如 A 列与 Z 列)进行对比,只能不停地移动表格窗内的水平滚动条来分别查看,这样的操作非常麻烦而且容易出错。利用下面这个小技巧,可以将一个数据表"变成"两个,让相距较远的数据同屏显示。把鼠标指针移到工作表底部水平滚动条右侧的小块上,鼠标指针便会变成一个双向的光标。把这个小块拖到工作表的中部,便会发现整个工作表被一分为二,出现了两个数据框,而里面都是当前工作表内的内容。这样便可以让一个数据框中显示 A 列数据,另一个数据框中显示 Z 列数据,从而进行轻松地比较,如图 3-62 所示。

	A	B	C	D	E	F	G
1			考试成绩				
2	班级	姓名	数学	外语			
3	1班	毛明	16	77	93		
4	2班	李扬	11.5	70	81.5		
5	1班	李明	6	86	92		
6	2班	孙小强	7	79			
7	1班	周海涛	2	96			
8	1班	李媛媛	.13	95			
9	2班	林涛	15	85			
10							
11							

图 3-62 拆分窗口显示同工作表中不同位置处的内容

3. 如何消除缩位后的计算误差

有时输入的数字是小数点后两位数,但是在精度要求上只要一位,缩位后显示没问题,但其计算结果却是有误差的。

解决方法是:选择"工具"→"选项"命令,打开"选项"对话框,选择"重新计算"选项卡,选中"以显示精度为准"复选框,如图 3-63 所示,这样计算结果就没有误差了。事实上并不是计算上有误差,而只是显示设置了四舍五入。采用本例提供的方法,可以解决用显示值计算问题,但同时会改变数值的精度,在操作使用前 Excel 会给用户一个警告信息。

4. 利用选择性粘贴命令完成一些特殊的计算

如果某 Excel 工作表中有大量数字格式的数据,并且用户希望将所有数字取负,可使用选择性粘贴命令。

(1)在一个空单元格中输入"−1",选择该单元格,并选择"编辑"→"复制"命令,选择目标单元格。

(2)选择"编辑"→"选择性粘贴"命令,选中"粘贴"选项区中的"数值"单选按钮和"运算"选项区中的"乘"单选按钮,单击"确定"按钮,所有数字将与−1 相乘。使用该方法可

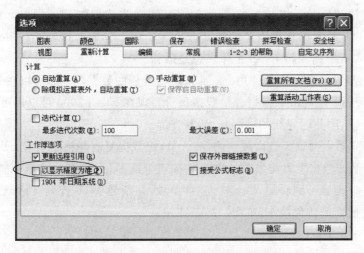

图 3-63　如何消除缩位后的计算误差

将单元格中的数值进行任意的放大或缩小。

5. 选择性粘贴同时进行多个单元格的运算

如果现在有多个单元格的数据要和一个数据进行加减乘除运算,那么一个一个运算显然比较麻烦,其实利用"选择性粘贴"功能就可以实现同时运算。

下面一起来看一个实例。将 C1、C4、C5、D3、E11 单元格数据都加上 25,那么可以这样做:首先在一个空白的单元格中输入 25,选中这个单元格后右击选择"复制"选项。然后按住 Ctrl 键依次单击 C1、C4、C5、D3、E11 单元格,将这些单元格选中。接下来右击选择"选择性粘贴"选项,在"选择性粘贴"对话框中选择"运算"选项区内的"加"单选按钮,单击"确定"按钮。就可以看到,这些单元格中的数据都同时被加上了 25。

6. 链接网络上的工作簿数据

可以用以下方法快速建立与网上工作簿数据的链接。

(1) 打开 Internet 上含有需要链接数据的工作簿,并在相应的工作表中选定数据,然后选择"编辑"→"复制"命令。

(2) 打开需要创建链接的工作簿,在需要显示链接数据的区域中,单击左上角单元格。

(3) 选择"编辑"→"选择性粘贴"命令,在"选择性粘贴"对话框中,单击"粘贴链接"按钮即可,如图 3-64 所示。

A2		fx	='http://202.203.85.78/shenji/[链接数据.xls]0714体艺52人'!B8

	A	B	C	D	E	F	G	H
1	张艳云	女	32300					
2	张亚杰44	男	32065					
3	李迷	男	33005					
4	林娟	女	32534					
5	邓旭强	男	32769					

图 3-64　链接网络上的工作簿数据

若想在创建链接时不打开 Internet 工作簿,可单击需要链接处的单元格,然后输入"="号和 URL 地址及工作簿位置也可以,如:=http://www.Js.com/[filel.xls]。

7. 查询 Web 数据保持 Excel 工作表总是最新

Web 页上经常包含一些适合用 Excel 来进行分析的数据,例如,可以在 Excel 中直接使用从 Web 页上获取的股票数据分析股票报价。现在 Excel 2003 可以用可刷新 Web 查询来简化这个任务,并创建新的可刷新 Web 查询。

(1)在浏览器中浏览要查询数据的 Web 页,把数据复制并粘贴到 Excel 工作表中。

(2)在粘贴的数据下方将出现一个粘贴选项智能标记,单击粘贴选项智能标记右边的箭头,再选择"创建可刷新的 Web 查询"菜单项,在新建 Web 查询对话框中,单击想要查询的数据表前面的黄色箭头,单击"导入"按钮。

(3)在 Excel 中可以手动或自动刷新这个数据。手动刷新方法如下:在外部数据工具栏上,单击"数据区域属性"按钮,在刷新控制下面选中自己想要的复选框选项。

注意:在从 Web 站点获取数据时,可能会丢失一些格式或内容,像脚本、gif 图像或单个单元中的数据列表,如图 3-65 所示。

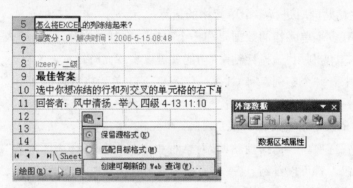

图 3-65　查询 Web 数据保持 Excel 工作表总是最新

8. 在 Excel 状态栏中显示快速计算结果

查看一系列单元格的最大值的操作方法:选择感兴趣的单元格,将看到所选单元格的总和显示在状态栏中。状态栏就是工作表窗口下方的水平区域。如果没有出现状态栏,单击视图菜单中的状态栏,鼠标右击状态栏,然后单击最大值,现在就可以在状态栏中看到最大值了。该方法可以计算选定单元格的平均值、总和、最小值。此外,还可使用该方法计算包含数字的单元格的数量(选择计数),如图 3-66 所示。

9. 自动筛选显示前 n 项

有时可能想对数值字段使用自动筛选来显示数据清单里的前 n 个最大值或最小值,解决的方法是使用"前 10 个"自动筛选。在自动筛选的数值字段下拉列表中选择"前 10 个"选项时,将出现"自动筛选前 10 个"对话框,这里所谓"前 10 个"是一个一般术语,并不仅局限于前 10 个,可以选择最大、最小或定义任意的数字,比如根据需要选择 8 个、12 个等,如图 3-67 所示。

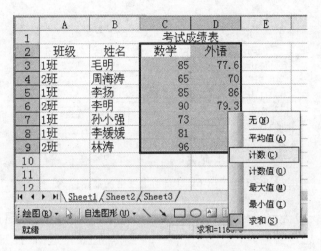

图 3-66 在 Excel 状态栏中显示快速计算结果

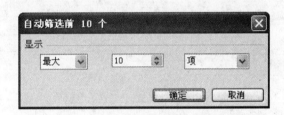

图 3-67 自动筛选显示前 n 项

10. 让 Excel 自动出现错误数据提示

Excel 除了可以对单元格或单元格区域设置数据有效性条件并进行检查外,还可以在用户选择单元格或单元格区域时显示帮助性"输入信息",也可在用户输入了非法数据时提示"错误警告"。选取单元格或单元格区域,选择"数据"→"有效性"命令,打开"输入信息"选项卡,选择"选定单元格时显示输入信息"复选框,输入标题,如"注意",输入显示信息如"这里应输入负数!",单击"确定"按钮。

此后,再选定那些单元格或单元格区域时,Excel 将自动提示上述信息。另外,还可以对设置了有效性条件检查的单元格或单元格区域设置"出错警告"信息。

(1)选取单元格或单元格区域,选择"数据"→"有效性"命令,打开"出错警告"选项卡。

(2)选择"输入无效数据时显示出错警告"复选框,选择警告样式,输入标题如"警告",输入出错信息如"输入负数!",然后单击"确定"按钮即可。

此后,如果在指定的单元格中输入了正数,Excel 将警告用户要求"输入负数!",如图 3-68 所示。

11. 用"超链接"快速跳转到其他文件

用超链接在各个文件之间跳转十分方便,若要从 Excel 跳转到其他文件,只需用鼠

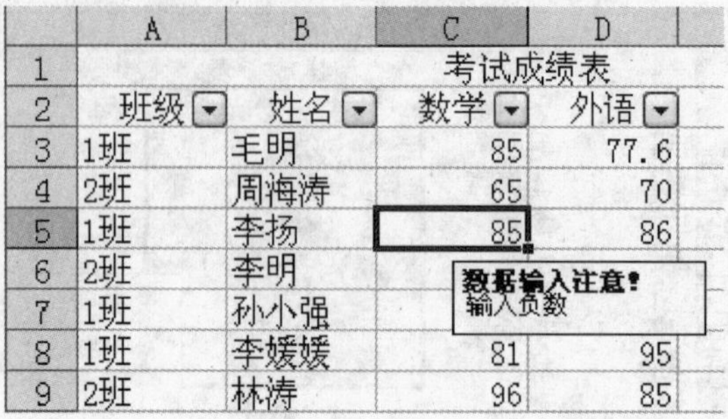

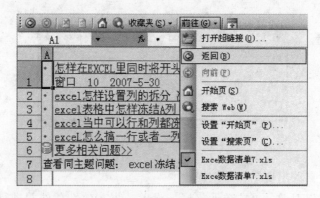

图 3-68　让 Excel 自动出现错误数据提示

标指向带有下划线的蓝色超级链接文本,然后单击鼠标即可跳转到超链接所指向的文件位置上去,看完后若要返回,只需单击"Web"工具栏上的"返回"按钮即可,如图 3-69所示。

图 3-69　用"超链接"快速跳转到其他文件

3.6　设置技巧

1. 定制菜单和工具栏命令

用户可以根据自己的要求来定制菜单或工具栏命令。首先选择"工具"→"自定义"命令,打开其中的"命令"选项卡,在左侧的"类别"列表框中选择欲增删的菜单类别。

如果是增加菜单命令,只需在右侧的"命令"列表框进行选择,将其拖至对应的菜单项,菜单自动打开并出现一黑线后,将其插入黑线指示的位置,在空白处单击鼠标左键即可,如图 3-70 所示。

如果是删除菜单命令,只须打开菜单选中需要删除的命令,按下鼠标左键将它拖至图中的"命令"格中即可。也可在菜单打开的情况下,右击要删除的菜单项,选中"删除"命令即可。

2. 备份自定义工具栏

在 C:\Windows\Application Data\Microsoft\Excel 文件夹中有个 Excel11. xlb 文

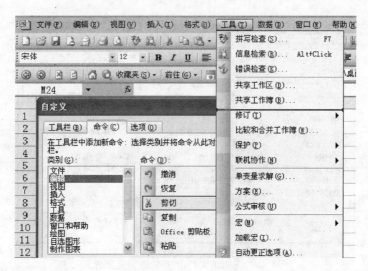

图 3-70　定制菜单命令

件,这个文件保存了用户的自定义工具栏和其他屏幕位置上每一个可见的工具栏信息。所以,建议用户将工具栏设置好后,为 Excel11.xlb 文件复制备份,以备随时载入,恢复自己的工具栏。

3. 共享自定义工具栏

如果用户建立了一个自定义工具栏并希望和其他人一起分享的话,可以将它"附加"到一个工作簿中。选择"工具"→"自定义"→"工具栏"命令,选择用户的自定义工具栏,单击"附加"按钮,出现"附加工具栏"对话框,单击"复制"按钮,即可将工具栏添加到一个工作簿中。

4. 使用单文档界面快速切换工作簿

Excel 2003 采用了单文档界面,每打开一个工作簿,都会在任务栏中显示出来。因此,可以通过单击任务栏上的名称来快速切换工作簿,而不必在"窗口"菜单中选择要打开的工作簿名称。有的 Excel 2003 没有此项功能,可按以下方法设置:选择"工具"→"选项"命令,打开"视图"选项卡,选中"任务栏中的窗口"复选框,单击"确定"按钮即可,如图 3-71 所示。

5. 自定义工具栏按钮

选择"工具"→"自定义"命令,打开"自定义"对话框使 Excel 处于自定义模式,这时可以右击工具栏上的按钮图标,弹出快捷菜单,利用这个快捷菜单,可以完成很多自定义工作,如图 3-72 所示。

(1)使用"命名"选项改变工具按钮的名称。

(2)使用"复制按钮图像"选项可以将按钮的图标复制到剪贴板中,然后插入到文本或表格中或者粘贴到另一个按钮上。

(3)使用"编辑按钮图像"选项来调用"按钮编辑器"对话框。

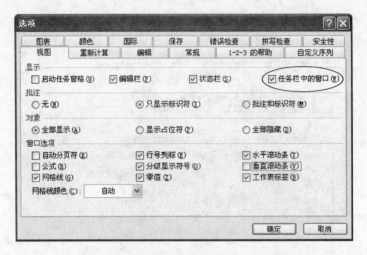

图 3-71　使用单文档界面快速切换工作簿

图 3-72　自定义工具栏按钮

6. 管理加载宏

Excel 包括各种特殊作用的加载宏,它们使用自定义的函数、向导、对话框和其他工具,扩充了工作表的基本功能。

默认情况下,每个加载宏都配置为在第一次使用时安装,也就是说在第一次需要某个加载宏时,都要找 Office 光盘安装,这是非常麻烦的事。为了避免这种情况,可以一次性将以后可能需要的加载宏安装,或者将它们全部安装。

选择"工具"→"加载宏"命令,打开"加载宏"对话框,选择可能有用的加载宏,如"分析工具库"、"规划求解"、"条件求和向导"等,单击"确定"按钮,Excel 会提示所选加载宏尚没有安装,询问是否现在安装,单击"是"按钮,如图 3-73 所示。

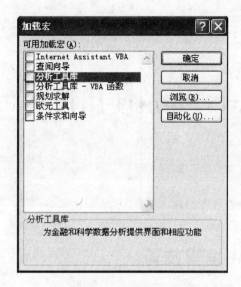

图 3-73　管理加载宏

　　然后插入 Office 安装光盘完成安装。不要在每次启动 Excel 时加载每个加载宏,因为这样将减慢启动过程,而且每个加载宏都会占用大量的内存。建议将"自动保存"加载,并设置适当的"自动保存时间间隔",这样在 Excel 使用过程中能自动创建备份文件,避免断电时丢失尚未保存的文件内容。

第 4 章

PowerPoint使用技巧

4.1 PowerPoint 编辑技巧

1. 将 Word 文档导入 PowerPoint

在 PowerPoint 中，每次输入文本都要插入一个文本框，操作起来很不方便。可以先在 Word 中将所有内容按一定样式输入，再将它发送给 PowerPoint。

(1) 先将 Word 文档转换为大纲视图，设置好各级的标题，然后在 PowerPoint 中选择"插入"→"幻灯片"命令，在弹出的对话框中选择相应的 Word 文档。

(2) 在 Word 中打开文档，选择"文件"→"发送"命令，再单击 Microsoft PowerPoint。

这样，Word 中每个标题 1 样式的段落都会成为新幻灯片的标题，每个标题 2 样式的段落都会成为第一级文本，依此类推。

2. 将幻灯片发送到 Word 文档

(1) 在 PowerPoint 中打开演示文稿，然后选择"文件"→"发送"→Microsoft Office Word 命令，打开"发送到 Microsoft Office Word"对话框（如图 4-1 所示）。

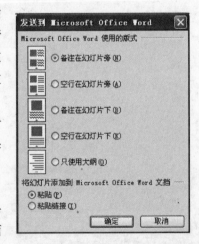

(2) 如果要将幻灯片嵌入 Word 文档，请选中"粘贴"单选按钮；如果要将幻灯片链接到 Word 文档，请选中"粘贴链接"单选按钮。如果链接文件，那么在 PowerPoint 中编辑这些文件时，它们也会在 Word 文档中更新。

(3) 单击"确定"按钮。此时，系统将新建一个 Word 文档，并将演示文稿复制到该文档中。如果 Word 未启动，系统会自动启动 Word。

3. 新建幻灯片

默认情况下，启动 PowerPoint 时，系统将新建一份空白演示文稿，并新建一张幻灯片。可以通过下面三种方法，在当前演示文稿中添加一张空白幻灯片。

图 4-1 将幻灯片发送到 Word 文档

（1）快捷键法：按 Ctrl＋M 组合键。

（2）回车键法：在"普通视图"下，将鼠标定在左侧的窗格中，然后按下回车键（Enter）。

（3）选择"插入"→"新幻灯片"命令。

4. 通过文本框输入文字

通常情况下，在演示文稿的幻灯片中添加文本字符时，需要通过文本框来实现。

（1）选择"插入"→"文本框"→"水平（垂直）"命令，然后在幻灯片中拖拉出一个文本框。

（2）将相应的字符输入到文本框中。

（3）设置好字体、字号和字符颜色等。

（4）调整好文本框的大小，并将其定位在幻灯片的合适位置上即可。

注意：也可用"绘图"工具栏上的文本框按钮来插入文本框，并输入字符。

5. 直接输入文本

如果演示文稿中需要编辑大量文本，推荐大家使用直接输入文本的方法。

在"普通视图"下，将鼠标定在左侧的窗格中，切换到"大纲"标签下。然后直接输入文本字符。每输入完一个内容后，按一下 Enter 键，新建一张幻灯片，输入后面的内容。

注意：如果按下 Enter 键，仍然希望在原幻灯片中输入文本，只要按一下 Tab 键即可。此时，如果想新增一张幻灯片，按 Enter 键后，再按一下 Shift＋Tab 键就可以了。

6. 快速调节文字大小

在 PowerPoint 中改变文字大小，一般是通过修改字号加以解决，其实有一个更加简洁的方法：选中文字后按 Ctrl＋]是放大文字，按 Ctrl＋[是缩小文字。

7. 在幻灯片的任何位置上添加日期时间

（1）把鼠标光标定位在文本框内的插入点处；

（2）选择"插入"菜单中的"日期和时间"命令，就可在系统弹出的"日期和时间"对话框中选择自己喜欢的时间格式，选完后单击"确定"按钮即可。

8. 复制、移动及删除幻灯片

在"幻灯片浏览视图"下，可以方便地查看多张幻灯片的内容、调整幻灯片的顺序，还能方便地进行幻灯片的复制与删除操作。

（1）选择：如果希望按顺序选取多张幻灯片，请在单击时按 Shift 键；若不按顺序选取幻灯片，请在单击时按 Ctrl 键。

（2）移动：直接用鼠标拖动所选幻灯片到所要调整的位置。

（3）删除：右击选中的幻灯片，选择"删除幻灯片"选项；或直接按键盘上的 Delete 键。

（4）复制：右击选中的幻灯片，进行"复制"→"粘贴"操作。

9. 视图巧切换

单击"普通视图"按钮时同时按下 Shift 键可切换到"幻灯片母版视图"；再单击一次"普通视图"按钮（不按 Shift 键）就可切换回来。

单击"幻灯片浏览视图"按钮时同时按下 Shift 键可切换到"讲义母版视图"。

10. 巧用键盘辅助定位对象

在 PPT 中有时候用鼠标定位对象不太准确，可用键盘来辅助定位。按住 Shift 键的同时用鼠标水平或竖直移动对象,可以基本接近于直线平移。在按住 Ctrl 键的同时用方向键来移动对象,可以精确到像素点的级别。

11. 巧用格式刷

想制作出具有相同格式的文本框(比如相同的填充效果、线条色、文字字体、阴影设置等),可以在设置好其中一个以后,选中它,单击"常用"工具栏中的"格式刷"按钮,然后单击其他的文本框。如果有多个文本框,只要双击"格式刷"工具,就可以连续"刷"多个对象。完成操作后,再次单击"格式刷"就可以了。

不光文本框,其他如自选图形、图片、艺术字或剪贴画也可以使用格式刷来刷出完全相同的格式。

12. 设置背景

右击幻灯片,选中背景,可以进行不同的背景填充设置(如图 4-2 所示)。设置好填充效果后,返回背景窗口,再单击"应用"或"全部应用"按钮。

图 4-2 设置背景

13. 设置幻灯片版式

在标题幻灯片下面新建的幻灯片,默认情况下给出的是"标题和文本"版式,用户可以根据需要重新设置其版式。

操作步骤:选择"格式"→"幻灯片版式"命令,展开"幻灯片版式"任务窗格。选择一种版式,然后单击其右侧的下拉按钮,在弹出的下拉列表中,根据需要应用版式即可。

14. 使用设计方案

通常情况下,新建的演示文稿使用的是黑白幻灯片方案,如果需要使用其他方案,一般可以通过应用其内置的设计方案来快速添加。

操作步骤:选择"格式"→"幻灯片设计"命令,展开"幻灯片设计"任务窗格。选择一种设计方案,然后单击其右侧的下拉按钮,在弹出的下拉列表中,根据需要应用即可。

15. 使用配色方案

选择"格式"→"幻灯片设计"→"配色方案"命令,打开"编辑配色方案"对话框(如图 4-3 所示),根据需要进行颜色修改。

16. 复制配色方案

如果要将一张幻灯片的配色方案传给另一张或多张,重新进行配色则比较麻烦。

(1)在幻灯片浏览视图中,选择一张具有所需配色方案的幻灯片,单击"格式刷"按钮,这时鼠标变为刷子图标,再单击另一张幻灯片就能对它进行重新着色。

(2)如果要同时重新着色多张幻灯片,则要在选择具有所需配色方案的幻灯片后,双击"格式刷"按钮,然后依次单击要应用配色方案的幻灯片。

(3)完成之后按 Esc 键终止格式刷。

利用这种方法,也可以将一份演示文稿的配色方案应用于另一份。方法是:同时打开两份演示文稿,选择"窗口"→"全部重排"命令,然后按上述步骤操作即可。

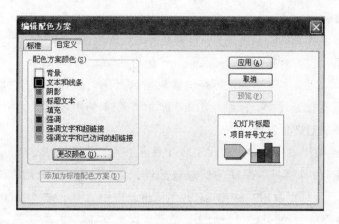

图 4-3　使用配色方案

17. 修改模板

在用 PPT 做课件时,经常会发现 PPT 自带的模板并不是非常适合,此时可以选择"视图"→"母版"→"幻灯片母版"命令,在打开的幻灯片母版视图(如图 4-4 所示)中进行改动,这样就可以得到自己想要的模板了。

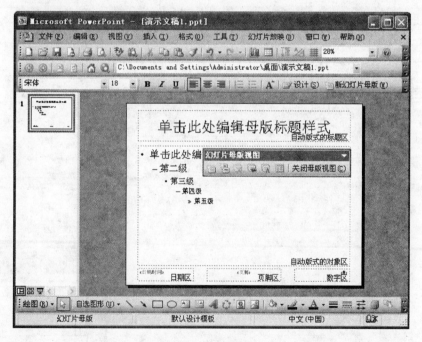

图 4-4　修改模板

比如为公司做演示文稿时,希望每一页都加上公司的 Logo,可以打开"幻灯片母版视图",将 Logo 放在合适的位置上。当关闭母版视图返回到普通视图后,就可以看到在每一页都加上了 Logo,而且在普通视图上也无法改动它了。

18. 保存模板

做了一个自己满意的幻灯片之后，为了方便以后的使用，不妨把它变成模板。

（1）打开现有的演示文稿，选择"文件"→"另存为"命令。

（2）在"文件名"文本框中为设计好的模板输入名字，在"保存类型"框中，单击"设计模板"，以后就可直接通过"文件"菜单上的"新建"命令来使用该模板了。

19. 使用多个幻灯片母版

PowerPoint 能让用户在单个演示文稿中使用多个幻灯片母版。幻灯片母版是设计模板的一个元素，设计模板中存储的信息包括样式、占位符以及配色方案等。使用幻灯片母版，可以进行全局更改，如替换字形，并使该更改应用到演示文稿中的所有幻灯片。当使用多个幻灯片母版时，如果要对演示文稿进行全局更改，需要更改每一个幻灯片母版。

（1）选择"视图"→"母版"→"幻灯片母版"命令，打开幻灯片母版视图。

（2）如果要在 PowerPoint 中插入一个当前默认样式的幻灯片母版，请在幻灯片母版视图工具栏上单击"插入新幻灯片母版"按钮。

若要通过添加新的设计模板以插入幻灯片母版，请在格式工具栏上单击"设计"按钮，在右侧的幻灯片设计窗格的应用设计模板下选择一个模板（如图 4-5 所示）。

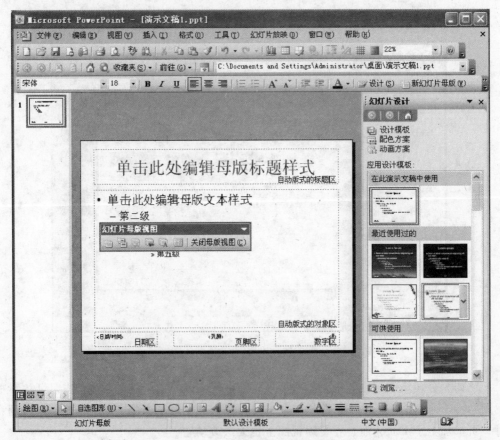

图 4-5　使用多个幻灯片母版

（3）如果要替换幻灯片母版，先在左边的缩略图中选择母版，单击幻灯片设计窗格中所需设计模板右侧的箭头，选择"替换所选设计"选项（如图 4-6 所示），这样就能用新设计模板的母版替换所选的母版。若要用新设计模板的母版替换当前所有母版，选择"替换所有设计"选项；若要将一个新的设计模板及其母版添加到演示文稿，请选择"添加设计方案"选项。

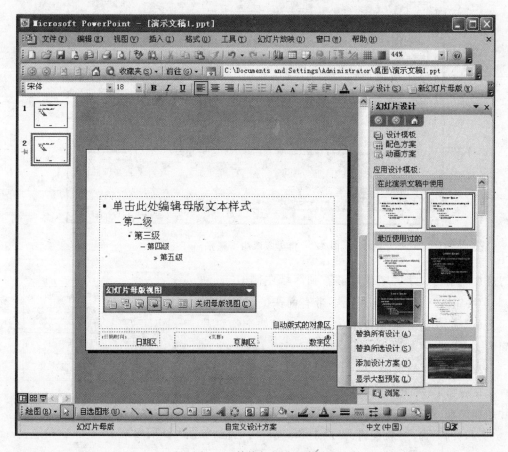

图 4-6　替换幻灯片母版

（4）如果要将母版应用于某张幻灯片，要先关闭母版视图回到普通视图（此时当前正在使用的所有设计模板都仍显示在幻灯片设计窗格中），单击要选用的设计模板右侧的箭头，选择"应用于选定幻灯片"选项即可。

如果演示文稿的所有幻灯片都要用这个母版，则选择"应用于所有幻灯片"选项（如图 4-7 所示）。

20. 使用与母版不一样的背景

如果希望某些幻灯片的背景和母版不一样，可以选择"格式"→"背景"命令，选择"忽略母版背景图形"复选框。

21. 方便的"自动调整"

如果在一张幻灯片中出现了太多的文字，可以用"自动调整"功能把文字分割成两张

图 4-7　将母版应用于某张幻灯片

幻灯片。单击文字区域就能够看到区域左侧的"自动调整"按钮 （它的形状是上下带有箭头的两条水平线），单击该按钮并从子菜单中选择"拆分两个幻灯片间的文本"即可（如图 4-8 所示）。

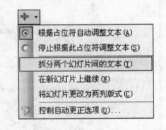

22. 设置页眉页脚

在编辑 PowerPoint 演示文稿时，也可以为每张幻灯片添加类似 Word 文档的页眉或页脚。选择"视图"→"页眉和页脚"命令，就能打开"页眉和页脚"对话框（如图 4-9 所示）。

图 4-8　拆分两个幻灯片间的文本

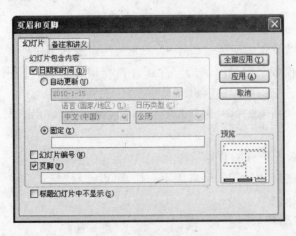

图 4-9　设置页眉页脚

这里的"幻灯片编号"复选框,能为每张幻灯片添加上编号(类似页码)。

23. 利用组合键生成摘要

在制作演示文稿时,通常都会将后面几个幻灯片的标题集合起来,把它们作为摘要列在首张或第二张幻灯片中,让文稿看起来更加直观。如果是用复制粘贴来完成这一操作,实在有点麻烦,最快速的方法就是先选择多张幻灯片,接着按下 Alt+Shift+S 即可。

24. 用超级链接做目录

对文字做一些超级链接,可以建立很实用的目录。

操作步骤:选中文字或文本框,右击,选择"动作设置"选项,在动作设置窗口(如图 4-10 所示)中选择所要链接到的幻灯片(如图 4-11 所示)。

图 4-10　动作设置窗口

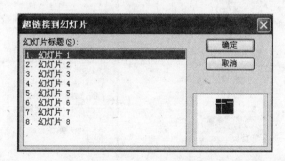

图 4-11　选择所要链接到的幻灯片

25. 使用超链接处理多个文档

在 PowerPoint 中,可以将一个简单的超链接插入到另一个文档中,单击该超链接即可打开源文档直接访问目标数据。

操作步骤:在 PowerPoint 中选中要设为超链接的对象(文字或图片),选择"插入"→

"超链接"命令,打开"插入超链接"对话框,选中要链接的文档,单击"确定"按钮即可。

26. 设置动作按钮

操作步骤:选择"幻灯片放映"→"动作按钮"命令(如图 4-12 所示),选中一个按钮后在幻灯片上拖拉,就能画出一个按钮并自动弹出"动作设置"对话框。超链接设置方法同上。

27. 链接时文字不变色,无下划线

在给文字做链接时,往往文字颜色出现了变化并且还出现了下划线,在很多时候文字颜色变化后与幻灯片设置的背景颜色发生了冲突,下划线的出现也使画面变得不美观。

在给这些文字做链接时,不要选中文字而要选中这些文字所在的文本框,这样做出来的链接文字既不变色也无下划线。

28. 保存特殊字体

为了获得好的效果,通常会在幻灯片中使用一些非常漂亮的字体,可是将幻灯片复制到演示现场进行播放时,这些字体却变成了普通字体,甚至还因字体而导致格式变得不整齐,严重影响演示效果。

要保存特殊字体,操作步骤如下:

选择"文件"→"另存为"命令,在对话框中单击"工具"按钮,在下拉菜单中选择"保存选项",在弹出的其对话框中选中"嵌入 TrueType 字体"复选框,然后根据需要选中"只嵌入所用字符(适于减少文件大小)"或"嵌入所有字符(适于其他人编辑)"单选按钮(如图 4-13 所示),最后单击"确定"按钮保存该文件即可。

图 4-12　设置动作按钮

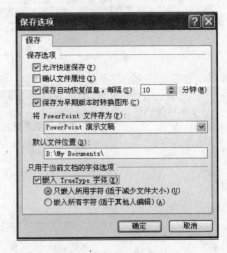

图 4-13　保存特殊字体

29. 突破 20 次的撤销极限

PowerPoint 的"撤销"功能为文稿编辑提供了很大方便,但可以撤销的操作数的默认值是 20 次。更改这个值的方法是选择"工具"→"选项"命令,打开"选项"对话框,选择

"编辑"选项卡,在"最多可取消操作数"微调框中设置需要的次数即可(如图 4-14 所示)。注意,PowerPoint 撤销操作次数限制最多为 150 次,且此数值越大占用系统资源越多。

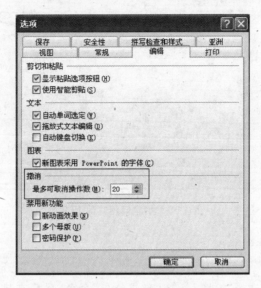

图 4-14 突破 20 次的撤销极限

30. 在段落中另起新行而不用制表位

缩进和制表位有助于对齐幻灯片上的文本。对于编号列表和项目符号列表,五层项目符号或编号以及正文都有预设的缩进。

但有时可能要在项目符号或编号列表的项之间另起一个不带项目符号和编号的新行,这个新行仍然是它上面段落的一部分,但是它需要独占一行。这时只需按下 Shift+Enter 键即可另起新行。注意,一定不能直接使用 Enter,这样软件会自动给下一行添上制表位。

31. 选择图表中的元素

如果用鼠标选中某个图表中的元素很困难,可以用键盘来选择。

(1) 用鼠标双击图表把它激活。

(2) 用上、下箭头在元素组间移动。如果一个元素包含很多项目,可用左、右箭头在同一个组中左右切换。

32. 快速调用其他 PPT

在进行演示文档的制作时,有时需要用到其他演示文稿中的内容。如果能够快速把它们复制到当前的幻灯片中,将会给用户带来极大地便利。

(1) 使光标置于需要复制幻灯片的位置,选择"插入"→"幻灯片(从文件)"命令,在打开的"幻灯片搜索器"对话框中进行设置(如图 4-15 所示)。

(2) 通过"浏览"选择需要复制的幻灯片文件,使它出现在"选定幻灯片"列表框中。选中需要插入的幻灯片,单击"插入"按钮;如果需要插入列表中所有的幻灯片,直接单击"全部插入"按钮即可。

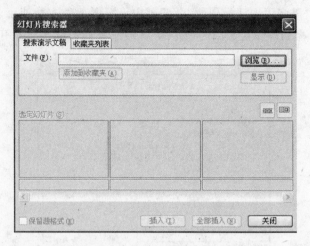

图 4-15　快速调用其他 PPT

33. 巧让多对象排列整齐

在某幻灯片上插入了多个对象,如果希望快速让它们排列整齐,按住 Ctrl 键,依次单击需要排列的对象,再选择"绘图"→"对齐或分布"命令,最后在排列方式列表中任选一种合适的排列方式就可实现多个对象间隔均匀的整齐排列(如图 4-16 所示)。

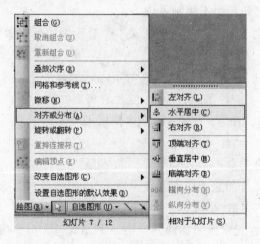

图 4-16　巧让多对象排列整齐

34. 快速选择多个对象

如果要选择叠放在一起的若干个对象,特别是它们位于叠放次序下层的时候,操作将很困难。但是,只要在工具栏上添加"选中多个对象"按钮,那么再单击该按钮后,就能在"选择多个对象"对话框的对象列表中方便地选中各个对象了。

添加该按钮的方法有两个:

(1)单击"绘图"工具栏右侧的下三角按钮(工具栏选项),选择"添加或删除按钮"→"绘图"→"选中多个对象"命令,将它添加到"绘图"工具栏中(如图 4-17 所示)。

图 4-17　工具栏选项

（2）选择"工具"→"自定义"命令，在打开的对话框中打开"命令"选项卡，然后在"类别"列表框中选择"绘图"选项，在"命令"列表框中选择"选中多个对象"选项（如图 4-18 所示），将它拖至工具栏的任意位置即可。

图 4-18　选中多个对象

35．制作漂亮公式

在 PowerPoint 中不仅可以非常方便地制作公式，而且还可以让公式变得五彩缤纷。

下面以在 PowerPoint 中输入如图 4-19 所示的公式为例介绍具体的操作步骤。

（1）打开 PowerPoint 程序，显示需要输入公式的幻灯片。

$$tg2\alpha = \frac{2tg\alpha}{1 - tg^2\alpha}$$

图 4-19　制作漂亮公式

（2）选择"插入"→"对象"命令，打开"插入对象"对话框，在"对象类型"列表框中选择"Microsoft 公式 3.0"，单击"确定"按钮，启动公式编辑器。

（3）首先输入"tg2"，然后在"希腊字母（小写）"模板中选择 α，输入"＝"。单击工具栏上的"分式和根式模板"，选择上下分式符号，这时在屏幕中就出现了带上、下虚框的分式，单击上虚框，输入"2tg"，然后在"希腊字母（小写）"模板中选择 α，单击下虚框，输入"1－tg"，然后单击工具栏上"下标和上标模板"，选择带上标的符号，在上标框中输入"2"。最后在"希腊字母（小写）"模板中选择 α，至此公式输入完毕。

（4）单击"关闭"按钮，返回 PowerPoint 编辑窗口，这时候公式对象就输入到幻灯片中了。

这时所输入的公式无论是位置、大小还是色彩都不符合需要，因此还要对公式做进一步的设置，使之符合幻灯片的整体风格。由于公式输入到 PowerPoint 后，就被当作图形对待，因此可以像对待图形一样对它进行各种编辑操作。

调整公式大小：拖动控点进行调整。

对公式的色彩进行设置：右击公式，从快捷菜单中选择"显示图片工具栏"命令，打开图片工具栏，单击图片工具栏中的"图片重新着色"图标，打开"图片重新着色"对话框，单击"更改为"下拉箭头，选择一种公式颜色，如蓝色，单击"确定"按钮返回到 PowerPoint 编辑区中，此时公式颜色就由黑色变成为蓝色了。

修改公式的背景颜色：将公式选中，接着单击图片工具栏中的"设置对象格式"按钮，打开"设置对象格式"对话框，在"颜色和线条"选项卡下单击"填充"项目下"颜色"下拉箭头，单击其中的"填充效果"按钮，在"纹理"标签下选择"白色大理石"效果，单击"确定"按钮退出。此时 PowerPoint 中的公式就变成如图 4-20 所示的漂亮模样了。

$$tg\,2\alpha = \frac{2tg\,\alpha}{1 - tg^2\,\alpha}$$

图 4-20　修改公式的背景颜色

36. 如何插入表格

（1）插入 PowerPoint 表格

选择"插入"→"表格"命令，打开"插入表格"对话框，设定行列数后单击"确定"按钮。

若插入新幻灯片时选用了"表格"版式，则在"双击此处添加表格"处双击后也能打开"插入表格"对话框。

也可以单击"常用"工具栏上的"插入表格"按钮 ⊞ 来建立简单表格。

（2）插入 Excel 表格

由于 PowerPoint 的表格功能不太强，如果需要添加表格时，可以先在 Excel 中制作好，然后将其插入到幻灯片中。

① 选择"插入"→"对象"命令，打开"插入对象"对话框。

② 选中"由文件创建"单选按钮，然后单击"浏览"按钮，定位到 Excel 表格文件所在的文件夹，选中相应的文件，单击"确定"按钮返回，即可将表格插入到幻灯片中。

③ 调整好表格的大小，并将其定位在合适位置上即可。

注意：为了使插入的表格能够正常显示，需要在 Excel 中调整好行、列的数目及宽（高）度。如果在"插入对象"对话框，选中"链接"复选框，以后在 Excel 中修改了插入表格的数据时，只要打开演示文稿，相应的表格也会自动随之修改。

（3）插入 Word 表格

在演示文稿中插入一个 Word 新文档，然后将 Word 表格直接粘贴入内。这样做，不但能大大简化编辑工作量，且效果较好。

① 将光标移至需插入 Word 表格的幻灯片（在 PowerPoint 中），选择"插入"→"对象"命令，在"插入对象"对话框中，选中"新建"单选按钮（默认选项）；在"对象类型"列表框中选中"Microsoft Word 文档"，然后单击"确定"按钮。

② 将 Word 表格直接粘贴进幻灯片上的 Word 文档框即可。

37. 绘制斜线表头

（1）将光标放在表格的第一单元格内，右击，在弹出的菜单中选择"边框和填充"命令，打开"设置表格格式"对话框（如图 4-21 所示）。

图 4-21 绘制斜线表头

（2）选择"边框"选项卡，单击添加斜线的按钮，单击"确定"按钮。

（3）在表格中输入文字，调整文字的大小与距离，二维的斜线表头就做好了。

38. 图表制作

在演示文稿中应用图表来表现数据信息，要比单纯的数字型信息更明确更直观，让人一目了然。在 PowerPoint 2003 中，提供了一个嵌入式应用程序 Graph。Graph 类似于 Office 家族里的 Excel，它有强大的图表模块功能。

（1）利用自动版式创建图表幻灯片

通过自动版式，可以方便快捷地创建一个纯图表幻灯片。

① 新建一张幻灯片，在出现的自动版式框中，单击选中要创建的图表幻灯片版式，此时 PowerPoint 2003 便创建了一个图表幻灯片（如图 4-22 所示）。

图 4-22 自动版式创建图表幻灯片

② 要添加图表,只须用鼠标双击幻灯片上图表的占位符,便可激活 Graph,可以看到 Graph 标准工具栏、操作菜单、数据表和图表(如图 4-23 所示)。

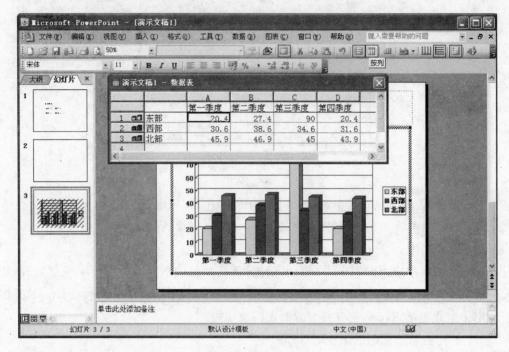

图 4-23 添加图表

在一般情况下,Graph 启动后,其数据表和图表会以默认的形式显示出来。所有这些数据,都可以根据需要来修改,用户所做的任何改动,都将会显示在图表上。

③ 同其他嵌入式对象的操作方式类似,只要将鼠标在 Graph 区域外的演示文稿窗口中的空白区域上单击,便可以退出 Graph 回到演示文稿的操作之中。同时,在演示文稿上也嵌入了图表对象。

(2) 通过"插入图表"按钮创建图表

如果已经创建了幻灯片,想在此幻灯片上插入图表,那可以通过单击"常用"工具栏上的"插入图表"按钮快捷地创建图表,此时在操作界面上也将显示 Graph 标准工具栏、菜单、数据表、图表。

39. 滚动文本框的制作(控件的使用)

(1) 右击工具栏打开"控件工具箱",选择文本框(如图 4-24 所示),在幻灯片编辑区按住鼠标左键拖拉出一个 Text 文本框,并根据版面来调整它的位置和大小。

(2) 在 Text 上右击,选择"属性"选项,打开"属性"对话框,按照图 4-25 所示进行设置。常用属性是:Font(字体,大小)、ForeColor(字体颜色)、MultiLine(多行显示)、ScrollBars(滚动条)(0—无;1—水平;2—竖直;3—水平竖直)。

(3) 在 Text 上右击,选择"文字框对象"→"编辑"命令,进行文字的输入。文本编辑完之后,在文字框外任意处单击鼠标,即可退出编辑状态。

图 4-24 控件工具箱

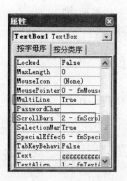

图 4-25 属性对话框

这样，一个可以让框内文字也随滚动条拖动而移动的文本框就做好了。

40. 批注的使用

审查他人的演示文稿时，可以利用批注功能提出自己的修改意见。

（1）选中需要添加意见的幻灯片，选择"插入批注"命令，进入批注编辑状态。

（2）输入批注内容。

（3）当使用者将鼠标指向批注标识时，批注内容即刻显示了出来。注意：批注内容不会在放映过程中显示出来。

（4）右击批注标识，利用弹出的快捷菜单，可以对批注进行相应的编辑处理。

41. 巧用文字环绕方式

在 PowerPoint 2003 中，用户在插入剪贴画之后可以将它自由旋转，但在 Word 2003 中却不能这样旋转。其实，只须选中插入的剪贴画，然后在出现的"图片"工具栏中单击"文字环绕"按钮，在弹出的文字环绕方式中选择除"嵌入型"以外的其他任意一种环绕方式，该剪贴画就可以进行自由旋转了。

此外，如果先在 PowerPoint 中插入剪贴画，然后将它剪切到 Word 中，也可以直接将它进行自由旋转。

42. 键盘操作技巧

在各个视图下，按 Ctrl＋M 快捷键都可以快速地插入一张新幻灯片。

在大纲视图下，如果要在当前正文下面输入它的下一级正文的话，在按下回车键后，再按一下 Tab 键即可进行下一级正文的输入。

在大纲视图下，按 Ctrl＋Home 键可以移至页面对象开始处，按 Ctrl＋End 键可以移至页面对象结束处。

按下 Alt＋Shift＋1 键可以显示第一层标题，按下 Alt＋Shift＋加号键可以展开某个标题下的正文，按下 Alt＋Shift＋减号键可以折叠某个标题下的正文，按下 Alt＋Shift＋A 键将显示所有的标题和正文。

在大纲视图下，在任何一张幻灯片标题结束处按一下回车键，或者在正文后面按下 Ctrl＋回车键就会产生一张新的幻灯片。

在大纲视图下,按下 Alt＋Shift＋左移箭头可以将当前标题或正文提升一级,按下 Alt＋Shift＋右移箭头可以将当前标题或正文降低一级,按下 Alt＋Shift＋上移箭头可以将选定的标题或正文向上移动,按下 Alt＋Shift＋下移箭头可以将选定的标题或正文向下移动。

按 Ctrl＋上移箭头可以快速地向上移动,按 Ctrl＋下移箭头可以快速地向下移动。

按 Shift＋左移箭头可以选中左边的文字,按 Shift＋右移箭头可以选中右边的文字,按 Ctrl＋Shift＋左移箭头可以选中英文单词的第一个字符,按 Ctrl＋Shift＋右移箭头可以选中英文单词的最后一个字符。

在对文本做了一定的美化处理之后,如果对所做的结果感到不满意,还可以按下 Ctrl＋Shift＋Z 键取消对该文本所做的任何格式的处理。

按下 Ctrl＋E 键可以使正文居中对齐,按下 Ctrl＋J 键可以使正文两端对齐,按下 Ctrl＋L 键可以使正文左对齐,按下 Ctrl＋R 键可以使正文右对齐。

43. 轻松隐藏部分幻灯片

如果希望部分幻灯片在放映时不显示出来,只需选中想要隐藏的一张或多张幻灯片,右击,在弹出的菜单中选择"隐藏幻灯片"选项即可(进行隐藏操作后,相应的幻灯片编辑上有一条删除斜线)。如果想取消隐藏,就选中相应的幻灯片,再进行一次上面的操作。

44. 一次性展开全部菜单

大家知道,要查看所有菜单项,每次都必须单击菜单中向下的双箭头,比较麻烦。选择"工具"→"自定义"命令,打开"自定义"对话框,选择"选项"选项卡,选定"始终显示整个菜单"复选框(如图 4-26 所示),再单击"关闭"按钮就可以一次性展开全部菜单了。

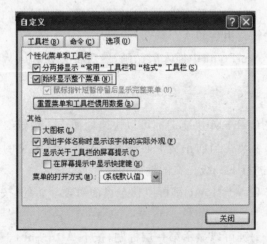

图 4-26　一次性展开全部菜单

45. 计算字数和段落

选择"文件"→"属性"命令,在其对话框中选择"统计"选项卡,则该文件的各种数据,包括页数、字数、段落等信息都将显示在该选项卡的统计信息框里。

46. 使 PowerPoint 演示文稿变小巧

为了美化 PowerPoint 演示文稿,往往会在其中添加大量图片,致使文件变得非常大。由于演示文稿文件主要用于屏幕演示而不作为打印输出,所以可以利用 PowerPoint 的压缩图片功能让演示文稿变得小巧。

（1）打开 PowerPoint 制作的演示文稿,选择"文件"→"另存为"命令。

（2）在弹出的"另存为"对话框中,单击右上角的"工具"按钮,在下拉菜单中选择"压缩图片"选项（如图 4-27 所示）。

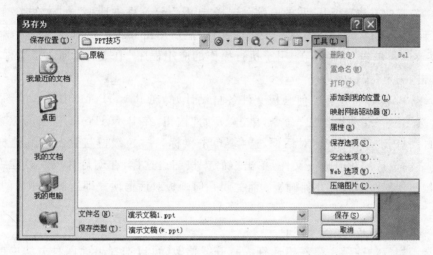

图 4-27　压缩图片

（3）在弹出的"压缩图片"（如图 4-28 所示）对话框中,将分辨率从默认的"打印"（分辨率 200dpi）选项改为"Web/屏幕"（分辨率 96dpi）。再将"选项"区域中的"压缩图片"和"删除图片的剪裁区域"复选框选中。

（4）单击"确定"按钮,关闭"压缩图片"对话框,随后会弹出一个警告窗口（如图 4-29 所示）,单击"应用"按钮退出。

（5）在"另存为"对话框中,为文件起一个新名字保存即可。

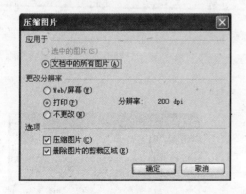

图 4-28　压缩图片

图 4-29　警告窗口

47. PowerPoint 和其他程序联姻

利用"动作按钮"就可以让 PowerPoint 与其他程序亲密联姻,不过要注意,在幻灯片中所链接的这些文件的默认打开方式必须是能打开它的程序。

下面以几何画板为例来看具体操作方法。

(1)要将 PowerPoint 与几何画板软件结合使用,前提是几何画板软件必须已经安装到电脑上,并且几何画板文件默认打开方式必须为几何画板软件,也就是文件与软件之间必须建立关联。

建立关联的方法:打开"我的电脑",选择"工具"→"文件夹选项"→"文件类型"命令,找到"几何画板软件"或以 gsp 为扩展名的文件,然后单击"编辑","内容类型的默认扩展名"改为 gsp,再单击"编辑",在"用于执行操作的应用程序"中输入几何画板软件所在的路径,单击"确定"按钮即可。

(2)把 PowerPoint 和几何画板文件各自设计好,在 PowerPoint 中选择绘图工具栏中的"自选图形"→"动作按钮"命令,单击"开始"按钮,在 PowerPoint 适当的位置插入,软件会自动打开"动作设置"对话框,选择"单击鼠标"→"超级链接到"→"其他文件"命令,找到之前设计的几何画板文件,单击"确定"按钮。这样,在幻灯片放映过程中,单击"开始"按钮便能马上打开几何画板;而关闭几何画板对话框便立即返回到刚才的幻灯片中来。

48. 加密演示文稿

如果编辑好的演示文稿不想让别人打开或修改,可以选择下面两种方法中的一种,对其进行加密。

(1)选择"工具"→"选项"命令,打开"选项"对话框,切换到"安全性"选项卡下,设置好相应选项的密码(如图 4-30 所示),单击"确定"按钮后会弹出如图 4-31 所示的"确认密码"对话框要求再次输入打开权限密码和修改权限密码。

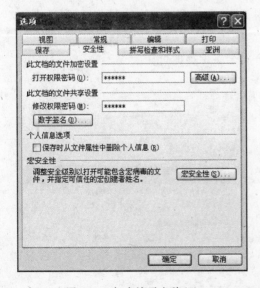

图 4-30 加密演示文稿(1)

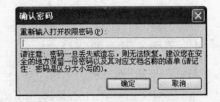

图 4-31 加密演示文稿(2)

（2）选择"文件"→"另存为"命令，打开"另存为"对话框，单击对话框右上方的"工具"按钮，在随后弹出的下拉菜单中选择"安全选项"选项（如图4-32所示），打开"安全选项"对话框设置好相应选项的密码，步骤同上。

图4-32 加密演示文稿

注意：①如果设置了"打开权限密码"，以后使用者要打开相应的演示文稿时，必须在对话框中输入正确的密码，否则不能打开。②如果设置了"修改权限密码"，以后使用者在打开相应的演示文稿时，如果在对话框中输入了正确的密码，不仅可以打开文稿，还可以修改文稿；如果密码不正确，则可以通过单击其中的"只读"按钮（如图4-33所示），将文稿打开播放，但不能对其进行修改。③"打开权限密码"和"修改权限密码"可以设置一样，也可以设置得不一样。

图4-33 加密演示文稿

49. 打印清晰可读的演示文稿

如何用黑白打印机打印出清晰可读的演示文稿呢？其操作步骤如下：

选择"工具"→"选项"命令，打开"选项"对话框，选择"打印"选项卡，在"此文档的默认打印设置"标题下，选中"使用下列打印设置"单选按钮，然后在"颜色/灰度"下拉列表中，选择"纯黑白"选项（如图4-34所示）。

选择"灰度"模式是在黑白打印机上打印彩色幻灯片的最佳模式，此时将以不同灰度显示不同彩色格式；选择"纯黑白"模式则将大部分灰色阴影更改为黑色或白色，可用于打印草稿或清晰可读的演讲者备注和讲义；选择"颜色"模式则可以打印彩色演示文稿，或打印到文件并将颜色信息存储在＊.prn文件中。当选择"颜色"模式时，如果打印机为黑白打印机，则打印时使用"灰度"模式。

50. 如何在一页纸上打印多张幻灯片

操作步骤：选择"文件"→"打印"命令，打开"打印"对话框，将"打印内容"设置为"讲义"，然后再设置一下其他参数（如图4-35所示），确定打印即可。

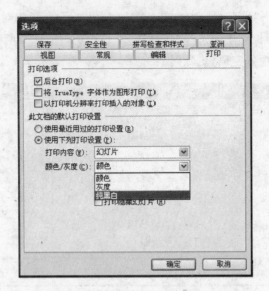

图 4-34　打印清晰可读的演示文稿

图 4-35　在一页纸上打印多张幻灯片

4.2　PowerPoint 图片使用技巧

1. 插入图片

（1）选择"插入"→"图片"→"来自文件"命令，打开"插入图片"对话框。

（2）定位到需要插入图片所在的文件夹，选中相应的图片文件，然后单击"插入"按钮，将图片插入到幻灯片中。

（3）用拖拉的方法调整好图片的大小，并将其定位在幻灯片的合适位置上即可。

2. 让插入的图片透明

在 PowerPoint 中，有时需要将资料中的图片插入到当前的演示文稿中。但是图片的背景色一般都与当前文稿的背景颜色不同，而这种图片又不能像绘制类图形那样可以很方便地更换背景色。其实可以通过一种变通的方法来设置透明色。

操作步骤：首先单击图片工具栏上的"设置透明色"按钮，鼠标随即变成一支笔的模样。用它单击一下图片，就会发现图片是变成透明了，但其中的图形也模糊不清了。这时再连续单击工具栏上的"降低亮度"按钮，将亮度降为最低即可。

3. 绘制图形

（1）选择"视图"→"工具栏"→"绘图"命令，展开"绘图"工具栏。

（2）单击工具栏上的"自选图形"按钮，在随后展开的快捷菜单中选择相应的选项，然后在幻灯片中拖拉一下，即可绘制出相应的图形。

注意：如果选中相应的选项（如"矩形"），然后在按住 Shift 键的同时拖拉鼠标，即可绘制出正的图形（如"正方形"）。

4. 插入艺术字

（1）选择"插入"→"图片"→"艺术字"命令，打开"艺术字库"对话框。

（2）选中一种样式后，单击"确定"按钮，打开"编辑艺术字"对话框。

（3）输入艺术字字符后，设置好字体、字号等要素，确定返回。

（4）选中插入的艺术字，在其周围有黄色的控制柄，拖动控制柄，可以调整艺术字的外形。

5. 添加辅助线

在制作几何课件时，常常需要作辅助线。实现的方法是利用"直线"工具画一条线段，利用"线型"工具使之成为虚线，利用"自定义动画"命令定义为向下擦除效果。

6. 使剪贴画灵活改变颜色

在演示文稿中插入剪贴画后，若觉得颜色搭配不合理，可右击该剪贴画选择"显示'图片'工具栏"选项（如果图片工具栏已经自动显示出来则无须此操作），然后单击"图片"工具栏上的"图片重新着色"按钮，在随后出现的对话框中便可任意改变图片中的颜色。

如果只想改变剪贴画中某一部分的颜色，可右击该剪贴画，在弹出的快捷菜单中选择"取消组合"，这时会出现一个如图 4-36 所示的对话框。单击"确定"按钮，会看到一个选定变成多个选定。这时只要选中要改变的那一部分对象（有些可以再分解），再单击绘图工具栏中的"填充"，就能选择所需颜色进行填充了。

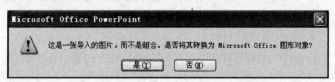

图 4-36　使剪贴画灵活改变颜色

7. 演示文稿中的图片自动更新

操作步骤：选择"插入"→"图片"→"来自文件"命令，打开"插入图片"对话框，选择好想要插入的图片后，单击"插入"按钮右侧的下三角按钮，在出现的下拉列表中选"链接文件"选项（如图 4-37 所示），单击"确定"按钮。这样，只要在系统中对插入图片进行了修改，那么在演示文稿中的图片也会自动更新，免除了重复修改的麻烦。

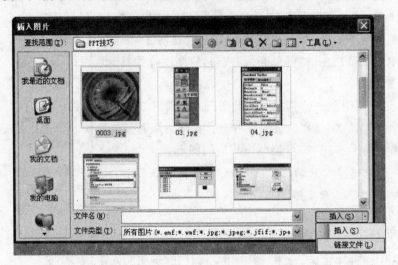

图 4-37　演示文稿中的图片自动更新

8. 利用剪贴画寻找免费图片

当制作演示文稿时，经常需要寻找图片作为辅助素材，其实这个时候用不着登录网站去搜索，直接在"剪贴画"中就能找到。

操作步骤：选择"插入"→"图片"→"剪贴画"命令，找到"搜索文字"一栏并输入所寻找图片的关键词，然后在"搜索范围"下拉列表中选择"Web 收藏集"按钮，单击"搜索"选项即可。这样一来，所搜到的都是微软提供的免费图片，不涉及任何版权事宜，大家可以放心使用。

9. PPT 中的自动缩略图效果

用一张幻灯片就可以实现多张图片的演示，而且单击图片后能实现自动放大的效果，再次单击后还原。

操作步骤：新建一个演示文稿，选择"插入"→"对象"命令，在"对象类型"列表框中选择"Microsoft PowerPoint 演示文稿"选项，在插入的演示文稿对象中插入一幅图片，将图片的大小改为演示文稿的大小（如图 4-38 所示）。退出该对象的编辑状态，将它缩小到合适的大小，按 F5 键放映就能看到想要的效果。如果要演示多张图片，只需复制这个插入的演示文稿对象，更改其中的图片，并排列它们之间的位置就可以了。

10. 将图片文件用作项目符号

操作步骤：首先选择要添加图片项目符号的文本或列表，选择"格式"→"项目符号和编号"命令，在"项目符号项"选项卡中单击"图片"按钮（如图 4-39 所示），就能在打开的"图片项目符号"对话框（如图 4-40 所示）中选择合适的图片项目符号了。

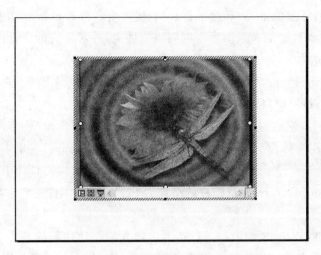

图 4-38 PPT 中的自动缩略图效果

图 4-39 "项目符号和编号"对话框

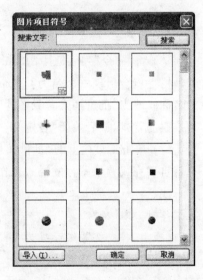

图 4-40 "图片项目符号"对话框

11. 调整自选图形尺寸

在 PowerPoint 中,"自选图形"或"文本框"等对象和文字经常出现大小不符合的情况,用户可以在"格式"菜单中单击选定的对象类型。例如:"自选图形"或"文本框",再选择"文本框"选项卡,选中"调整自选图形尺寸以适应文字"复选框。要注意的是,如果选中"调整自选图形尺寸以适应文字"复选框,则缩小该形状时,不能小于要容纳的文本。

12. 批量插入背景图片

在制作 PowerPoint 课件的过程中,一个课件常常包含多张幻灯片,而且为了课件的美观,几乎每张幻灯片中都会插入不同的图片作为背景。同样的插入背景图操作重复多次,可以通过"宏"来快速完成。

（1）在硬盘的任意位置（如 F 盘根目录）新建一个名为 Background 的文件夹，然后将需要插入到 PPT 课件中的背景图片复制到该文件夹，并对所有的背景图片进行重命名，图片文件名的格式为"1. jpg"、"2. jpg"、"3. jpg"……

（2）启动 PowerPoint，然后选择"工具"→"宏"→"Visual Basic 编辑器"命令，打开"Visual Basic 编辑器"窗口。

（3）右击该窗口左边的"VBAProject"，选择"插入"→"模块"命令，插入一个代码模块，然后在右边的代码窗口中输入相应代码：". Background. Fill. UserPicture "F:\Background\" & i & ".jpg""。这段代码的含义是："插入到幻灯片中的背景图片保存在"F:\Background"目录下，背景图片的格式为 jpg"。如果文件夹名称及位置不同，请自行更改代码。

（4）关闭"Visual Basic 编辑器"窗口，上边输入的模块代码就会自动保存，最后选择"文件"→"保存"命令，将 PPT 演示文稿保存到"F:\Background"目录下。

（5）接着选择"工具"→"自定义"命令，打开"自定义"对话框并切换到"命令"选项卡，选中"类别"列表框中的"宏"选项，这时在"命令"的列表框中就会出现刚才新添加的宏了。

（6）将"命令"列表框中的 CharuPic 宏拖动到工具栏中的任意位置，松开鼠标后，在工具栏上就会出现一个名为 CharuPic 的按钮，右击该按钮，在出现的右键菜单中，将按钮的名称修改为"批量插入背景图片"；在"更改按钮图像"子菜单中选择自己喜欢的图片作为按钮的背景，最后关闭"自定义"对话框。

（7）单击工具栏上的"批量插入背景图片"按钮，稍等片刻，PPT 课件中的所有幻灯片就自动完成背景图片的插入工作了。

注意：如果单击工具栏上的"批量插入背景图片"按钮不能完成幻灯片背景图片的插入工作时，可选择"工具"→"宏"→"安全性"命令，打开"安全性"对话框并切换到"安全级"选项卡，将安全等级设置为"中"就可以了。

13. 插入 GIF 文件

GIF 文件是由 Compuserve 公司开发的一种高压缩比的图形交换格式。它是通过"牺牲色彩，保留像素"的方案来实现的一种压缩格式。GIF 文件有 2 种类型：静态 GIF（GIF87a）和动态 GIF（GIF89a）。其中动态 GIF 文件支持透明像素，能够实现动画效果，它是通过若干帧 GIF 图片连续播放来实现的。

操作步骤：在 Powerpoint 中选择"插入"→"图片"→"剪贴画"命令，插入来自 Office 剪辑库的 GIF 动画；也可以通过选择"插入"→"图片"→"来自文件"命令，插入来自文件的 GIF 动画。

注意：虽然也可通过选择"插入对象"的方式或设置"超级链接"的形式插入 GIF 动画，但这两种方法需要调用播放 GIF 文档的关联应用程序，一般计算机默认的关联方式是浏览器，但其实现效果并不理想。

动画 GIF 文件通用性好，可以跨平台操作，且易于实现。但其存储色彩最多为 256

色,并且是点阵格式,这样在放大时会出现失真现象。因此,GIF 文件常用于一些无需交互、线条构成丰富而且色彩层次过渡较少的图片(例如卡通图、线条图等)。

14. 提取演示文稿中的图片

如果需要将某个演示文稿中的图片单独提取出来,只要将其另存为网页格式即可。

(1) 打开相应的演示文稿文档。

(2) 选择"文件"→"另存为网页"命令,打开"另存为"对话框。

(3) 将"保存类型"设置为"网页(* . htm * . html)",然后取名(如 abc)保存返回。

(4) 在上述网页文件保存的文件夹中,会找到一个名为 abc. files 的文件夹,其中单独保存了演示文稿中的所有图片。

15. 用 PowerPoint 为图片瘦身

幻灯片中经常会用到位图和插图,这都会使幻灯片文件迅速膨胀起来。插入的图片如果没有压缩,最终将导致整个 PowerPoint 文件非常庞大。

当然,可以先找个图片压缩软件对图片进行压缩,然后插入到 PowerPoint 文件中,但效果并不是很理想。

其实 PowerPoint 本身就具有非常强大的图片压缩功能,操作步骤如下。

(1) 启动 PowerPoint,打开需要进行处理的 PowerPoint 文件,选择"视图"→"工具栏"→"图片"命令,显示"图片"工具栏。

(2) 单击"图片"工具栏上的"压缩图片"按钮,打开"压缩图片"对话框,在"选中的图片"和"文档中的所有图片"之间进行选择。如果想压缩演示文档中的所有图片,则选中"文档中的所有图片"单选按钮。

(3) 根据最后输出的用途选择分辨率。如果此演示文稿只是用于屏幕显示,就在"更改分辨率"选项区中将分辨率从系统默认的"打印"选项改为"Web/屏幕"选项。

(4) 如果想要进一步减少演示文稿的大小,那么还可选中"压缩图片"和"删除图片的剪裁区域"复选框。如果该选项没有选,在改变图像大小或对图像进行修剪后,图像的数据并没有被真正删除,图像还能复原;如果选了该项,PowerPoint 就会删除这些图像中的相关数据,图像将不能恢复到最初的分辨率或大小。

(5) 单击"确定"按钮,关闭"压缩图片"对话框。

(6) 单击"保存"按钮,将 PowerPoint 文件保存。

16. 将 PPT 演示文稿保存为图片

操作步骤:打开要保存为图片的演示文稿,选择"文件"→"另存为"命令,打开"另存为"对话框,单击"保存类型"右侧的下拉按钮,在随后弹出的快捷菜单中,选择一种图片格式(如"GIF 可交换的图形格式 * . gif"),然后单击"保存"按钮。此时系统会询问用户"想导出演示文稿中的所有幻灯片还是只导出当前的幻灯片?",根据需要单击相应的按钮即可。

17. 将幻灯片添加到图形编辑软件中

要将 PowerPoint 文件中的某一个幻灯片添加到图形编辑软件中去,通过

PowerPoint 的普通编辑窗口"全选"→"复制"后再粘贴的办法是无法实现的,因为这样的转换办法在其他软件中不能将背景即母版图像粘贴过来。解决的办法有三种。

(1) 通过普通视图

如果普通视图默认效果包括了缩略图,直接右击要转换幻灯片的缩略图,在快捷菜单中选择"复制",然后打开图形编辑软件粘贴即可。

(2) 通过备注页视图

如果普通视图默认效果不包括缩略图,可以通过备注页视图来转换。先通过滚动条在编辑窗口中显示要转换的幻灯片,然后单击"视图"菜单下的"备注页"命令,在备注页视图中选中该幻灯片的缩略图,执行(1)中的操作即可。

(3) 通过幻灯片浏览视图

如果要转换多幅幻灯片,而且普通视图默认效果不包括缩略图,可以通过灯片浏览视图来转换。单击"视图"菜单下的"幻灯片浏览"命令,在幻灯片浏览视图中选中一个需要转换的幻灯片的缩略图,执行(1)中的操作即可,多次执行重复操作可以快速地将多个幻灯片转换为图片。最后就能在图形编辑软件中任意编辑了。

4.3 PowerPoint 动画制作技巧

1. 设置进入动画

动画是演示文稿的精华,动画中尤其以"进入"动画最为常用。下面以设置"渐变式缩放"的进入动画为例来具体设置,操作步骤如下。

(1) 选中需要设置动画的对象,选择"幻灯片放映"→"自定义动画"命令,展开"自定义动画"任务窗格。

(2) 单击任务窗格中的"添加动画"按钮,在随后弹出的下拉列表中,依次选择"进入"→"其他效果"选项(如图 4-41 所示),打开"添加进入效果"对话框。

(3) 选中"渐变式缩放"动画选项,确定返回即可。

注意:如果需要设置一些常见的进入动画,可以在"进入"菜单下面直接选择就可以了。

2. 第二个动画在上一个动画放完后自动播放

操作步骤:展开"自定义动画"任务窗格,单击第二个动画方案右侧的下拉按钮,在随后弹出的快捷菜单中,选择"从上一项之后开始"选项即可(如图 4-42 所示)。

3. 设置强调动画

所谓强调动画,就是在放映过程中引起观众注意的一类动画,设置方法同设置进入动画相似。

(1) 选中需要设置强调动画的对象,选择"幻灯片放映"→"自定义动画"命令,展开"自定义动画"任务窗格。

图 4-41　设置进入动画

图 4-42　"自定义动画"任务窗格

（2）单击其中的"添加动画"按钮，在随后弹出的快捷菜单中，展开"强调"下面的级联菜单，选择一种强调动画即可。注意：选择其中的"其他效果"选项，打开"添加强调效果"对话框，可以设置多种强调动画。

4．设置退出动画

既然有进入动画，对应就有退出动画，即动画放映结束后对象如何退出。以"消失"效果为例操作步骤如下。

（1）选中相应的对象，展开"自定义动画"任务窗格。

（2）单击"添加动画"按钮，在随后弹出的下拉列表中，依次选择"退出"→"消失"命令，即可为对象设置"消失"的退出动画。

（3）双击设置的动画方案，打开"消失"对话框，切换到"计时"选项卡下，把"开始"选项设置为"之后"，并设置一个"延迟"时间（如 2 秒），确定返回，就让"退出"动画在"进入"动画之后 2 秒自动播放。

5．动作路径

PowerPoint 2003 中提供了一种相当精彩的动画功能，它允许用户在一幅幻灯片中为某个对象指定一条移动路线，被称为"动作路径"。使用动作路径能够为演示文稿增加非常有趣的效果，比如可以让一个幻灯片对象跳动着把观众的眼光引向所要突出的重点。

为了方便进行设计，PowerPoint 2003 中包含了相当多的预定义动作路径。指定一条动作路径的操作步骤如下。

（1）选中某个对象，然后从菜单中选择"幻灯片放映"→"自定义动画"命令，在"自定义动画"任务窗格中单击"添加效果"按钮。

（2）在下拉列表中选择"动作路径"，然后再选择一种预定义的动作路径，比如"对角线向右上"(如图 4-43 所示)。

如果不喜欢子菜单中列出的六种预置路径,还可以选择"更多动作路径"来打开"添加动作路径"对话框(如图 4-44 所示)。

图 4-43　动作路径

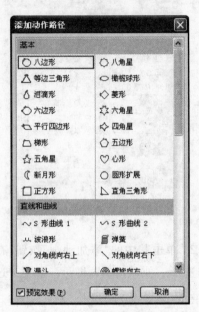

图 4-44　"添加动作路径"对话框

如果想要自行设计动作路径,则选择图 4-43 中的"绘制自定义路径"选项,从列表中选择一种绘制方式(如自由曲线),用鼠标准确地绘制出移动的路线。

(3)在添加一条动作路径之后,对象旁边也会出现一个数字标记,用来显示其动画顺序,还会出现一个箭头来指示动作路径的开端和结束(分别用绿色和红色表示,如图 4-45 所示)。还可以在动画列表中选择该对象,然后对"开始"、"路径"和"速度"子菜单中的选项进行调整(如图 4-46 所示)。

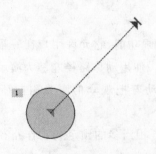

图 4-45　路径的开端和结束

图 4-46　自定义参数

6. 调整动画顺序

在 PowerPoint 演示文稿中设置好动画后,如果发现播放的顺序不理想,快速调整的方法是：在"自定义动画"任务窗格中选中要调整的动画方案，按住鼠标左键将其拖拉到其他动画方案上方，松开鼠标即可。

7. 隐藏对象

在做几何课件时，常常遇到"一题多解"的情况。制作这样的课件时，辅助线出现后，在下次单击鼠标时，上一种辅助线应该隐藏。实现的方法是：设置动画效果后，双击动画方案打开动画方案对话框，在"效果"选项卡中设置动画播放后"下次单击后隐藏"选项（如图 4-47 所示）。

8. 设置幻灯片切换效果

为了增强 PowerPoint 幻灯片的放映效果，可以为每张幻灯片设置切换方式，以丰富其过渡效果。

图 4-47 隐藏对象

（1）选中需要设置切换方式的幻灯片。

（2）选择"幻灯片放映"→"幻灯片切换"命令，打开"幻灯片切换"任务窗格。

（3）选择一种切换方式，并根据需要设置好"速度"、"声音"、"换片方式"等选项，完成设置。

（4）如果需要将此切换方式应用于整个演示文稿，只要在上述任务窗格中单击"应用于所有幻灯片"按钮就可以了。

9. 让文字闪烁不停

在 PowerPoint 中可以利用"自定义动画"来制作闪烁字，但无论选择"中速"、"快速"还是"慢速"，文字都是一闪而逝。要做一个连续闪烁的文字，操作步骤如下：

（1）创建文本框，设置好其中文字的格式和效果，并做成闪烁的动画效果。

（2）复制这个文本框，粘贴多个（根据想要闪烁的时间来确定粘贴的文本框个数），再将这些框的位置设为一致。

（3）这些文本框都设置为在前一事件一秒后播放，文本框在动画播放后隐藏。

10. 使两幅图片同时动作

局限于动画顺序，PowerPoint 中插入的图片只能一幅一幅地移动。如果需要两幅图片同时移动，操作步骤如下：

（1）安排好两幅图片的最终位置，按住 Shift 键选中两幅图片。

（2）在图片上右击，选择"组合"，使两幅图片成为一个整体。

（3）为组合好的图片设置动画效果。可以看到，在被组合对象的左上角只出现动作顺序"1"，事实上预览时也能观察到这两幅图片是同时移动的。

11. 实现对象翻转

比如要把图 4-48 所示的实线三角形沿直角边 AB 翻转到虚线所示的位置，并且顶点字母 C 也随着移动，操作步骤如下：

画一个三角形,用文本框标上顶点字母,文本框C和三角形组合,再复制一个同样的图形,水平翻转后放在图4-48中的虚线位置(注意:不是让这个对象设为虚线)。右击第一个对象,设置自定义动画(如图4-49所示),使用"退出"中的"层叠",方向为"到右侧",对象会向右侧收缩退出,开始时间为"单击时",速度没有特殊要求。

　　选定第二个对象,设置自定义动画(如图4-50所示),使用"进入"中的"伸展",方向为"自左侧",开始时间为"上一项之后",第二个对象就会在第一个对象收缩退出后立即伸展进入,这样用两个对象就模拟了一个对象沿一边的翻转效果。这种方法可以实现沿对象边沿的水平或竖直四个方向的翻转。

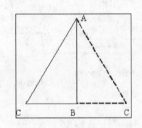

图4-48　实现对象翻转(1)　　　　图4-49　实现对象翻转(2)　　　　图4-50　实现对象翻转(3)

　　如果让一个对象沿竖直中心轴线左右翻转,应使用两个左右翻转关系的对象。时间关系和前面所说的一样,只是第一个对象自定义动画效果在"退出"时"层叠"方向为"跨越",第二个对象自定义动画效果在"进入"时"伸展"方向也为"跨越"。

　　PowerPoint用两个对象无法模拟对象沿水平中心轴线上下翻转的效果,要模拟对象沿水平中心轴线翻转的效果必须使用4个对象。另外,利用不同大小的无色对象与可见对象进行组合可以模拟对象沿任意一条水平或竖直直线翻转的效果,有兴趣的话可以根据前面说的对象翻转进行组合。

12. 实现字幕上下移动

　　(1) 在空白幻灯片中添加一个文本框,并在文本框中输入文本。

　　(2) 将该文本框拖动到幻灯片居中的位置处,同时用鼠标调整文本框的大小,让它的显示宽度略小于幻灯片的宽度。

　　(3) 将鼠标放置到文本框的上边框上,并拖动它到幻灯片的上半部位置处,同样的方法拖动下边框到幻灯片的下边框处,大小根据滚动显示的文字多少决定。

　　(4) 选中该文本框,右击,在弹出的快捷菜单中选择"自定义动画"命令,为这个文本框添加动画效果。单击界面中"添加效果"按钮,从随后弹出的菜单中选择"进入"→"其他效果"命令,在打开的效果选择界面中,选择"华丽型"中的"字幕式"选项(如图4-51所示),单击"确定"按钮后,就能完成字幕上下移动效果的设计。

13. 巧做字幕滚动

　　(1) 先选取新幻灯片为"空白"的自动版式,再根据个人的爱好,设置一下背景。以"水滴"的填充效果为例,在"背景填充"下拉框中选"填充效果",单击"纹理"选项卡,从中选定。

(2)利用文本框,在幻灯片中输入文字,这里输入"滚动的字幕",定好格式,如:隶书、88号、粗体和红色等。

(3)为了实现滚动的效果,应将文字对象拖到幻灯片的左边外,并使得最后一个字恰好拖出为宜,这样在演示效果时不至于耽误时间。

(4)选择"幻灯片放映"→"自定义动画"命令。在"自定义动画"对话框中,单击"顺序和时间"选项卡,在"启动动画"栏中,单选"在前一事件后00:00秒自动启动";再单击"效果"选项卡,在"动画和声音"栏中,选"从右侧"及"缓慢移入",其他可默认,单击"确定"按钮。

(5)选择"幻灯片放映"→"设置放映方式"命令,在"放映选项"里,复选"循环放映,按Esc键终止",其他可默认,单击"确定"按钮。

图4-51 实现字幕上下移动

(6)此时放映,想必大家都以为可达到字幕滚动的效果了,其实不然,还差最后一步看似奇怪的设置:再次选择"幻灯片放映"→"幻灯片切换"命令,在打开的对话框中,一定要设定"无切换"的效果和复选"每隔00:00"的换页方式,单击"全部应用"或"应用"按钮(毕竟只有一幅幻灯片)。

现在放映就可看到字幕滚动的效果了。当然,这只是仅有的一幅幻灯片而已。如果还要放映其他幻灯片,基本上可如上设置(可取消第(5)步)后,根据滚动的次数,连续复制若干个该幻灯片,再与其他幻灯片做衔接放映设置即可。

14. 自行消失的字幕

利用PowerPoint制作演示幻灯片,可以做到自动消失字幕的效果,类似于某些MTV中的歌词显示。操作步骤如下:

(1)启动PowerPoint,选择"文件"→"新建"命令,在打开的"新建演示文稿"对话框中,选择"空演示文稿"模板,然后单击"确定"按钮。在"新幻灯片"对话框中建立空白版的幻灯文件。

(2)选择"插入"→"图片"→"来自文件"命令,在打开的插入图片对话框中,选中背景图片文件名,然后单击"插入"按钮。这时选择好的背景图片就会出现在幻灯片上。选定图片框,当图片四周出现白色小方块以后,用鼠标拉动调节图片框的大小。

(3)选中图片后,选择"编辑"→"复制"命令,将图片复制到剪贴板。

(4)选择图片工具栏上的"裁剪"工具按钮,开始裁剪图片,将图片下方裁去一截,然后将裁剪后的图片随便移到幻灯片以外的区域。

(5)再次选择粘贴命令,将背景图片粘贴到幻灯片上,右击,在弹出的快捷菜单中选择"叠放次序"→"置于底层"命令。

（6）将裁剪后的图片移至原图上方，并覆盖住原图中相同的部分，要给人感觉是一幅图片。为了精确定位，可以使用 Ctrl 加上四个方向键实现微移。

（7）选择"插入"→"文本框"→"水平"命令，创建一个文本框。输入文字后，选中文本框右击，选择"叠放次序"→"置于底层"命令，完成后再次单击鼠标右键，选择"叠放次序"→"上移一层"命令，这样该文本框就可以放置在底层和上层图片之间。

（8）选择"幻灯片放映"→"自定义动画"命令，打开"自定义动画"设置对话框，为文本框设置"从底部"、"缓慢进入"的动画效果。

（9）最后，把文本框的底部移动到能被最上层图片挡住的区域内，如果文本内容比较多，可以从幻灯片的上部延伸出去。

演示时的效果是：文字从下方缓缓上升，当上升到一定高度时被第一图层所遮，所以就自行"消失"了。

15. 文字下落反弹动画

文字下落反弹效果是指文字一个接一个地从幻灯片的上方歪歪扭扭地下落，落到指定的位置后每个文字还要上下反弹几次，才能保持静止状态。用下面的方法可以实现这种效果。

（1）在空白幻灯片中添加一个文本框，并在文本框中输入文本，同时要注意输入的文字字号要大些，建议尽量选择笔画较粗的字体，比如"华文琥珀"字体，这样显示效果会更好。

（2）用鼠标选中该文本框，然后将它拖动到幻灯片标题位置处，为它添加动画效果：单击界面中"添加效果"按钮，从随后弹出的菜单中选择"进入"→"其他效果"命令，在打开的效果选择界面中选择"华丽型"设置栏处的"挥舞"选项，单击"确定"按钮。

（3）倘若希望文字能够按照自己指定的路线来下落反弹的话，那么可以为文字设置动作路径。设置时，首先用鼠标选定一个文字，为它添加动画效果：单击右侧窗格中"添加效果"按钮，在随后打开的菜单中选择"动作路径"→"绘制自定义路径"→"自由曲线"命令。

（4）这时鼠标指针的形状会自动变成笔形，将鼠标移动到幻灯片的编辑区域中，随意画出一条运动曲线，以后播放幻灯片时，文字就会按照事先指定的路径来运动了。

16. 立方体翻转动画

这种动画效果其实就是让一个立方体可以自由地翻转，具体地说就是在同一位置设计几个按照一定顺序转动指定角度的立方体，然后让第一个立方体显示后自动消失，依次排列在后面的每个立方体在前一立方体消失后立即显示出来，然后再自行消失，整个过程连续起来就实现了立方体连续翻转的动画特效。

（1）在工具栏中，单击"绘图"工具箱中的"自选图形"按钮，在幻灯片的空白处画出一个立方体，并为它添加动画效果：单击右侧窗格中"添加效果"按钮，在随后打开的菜单中依次选择"退出"→"消失"命令。

（2）右击这个立方体，选择"复制"→"粘贴"命令，得到这个立方体的复制品。

（3）选中第二个立方体，并移动它以便与第一个立方体完全重合，再用鼠标拖动第二个立方体的旋转控点，将第二个立方体旋转一个小小的角度。

（4）接下来要为这个立方体设置合适的动画效果，设置时首先选定第二个立方体，打开"自定义动画"设置页面，并在其中将"开始"设置栏处的"之后"选项选中，这样第二个立方体就会在第一个立方体消失动作结束之后自动显示出来。

（5）单击"添加效果"按钮，在随后打开的菜单中选择"进入"→"出现"命令，再次单击"添加效果"按钮，在打开的菜单中选择"退出"→"消失"命令，到这里第二个立方体的效果全部设置好了。

（6）按照第二个立方体的动画效果的设置步骤，设计好其他各个立方体，对于最后一个立方体，不要为它设置"退出"效果。

（7）完成上面的所有设置后，播放预览一下幻灯片效果，大家就会发现立方体的连续翻转效果还是很逼真的。如果觉得连续翻转速度太快的话，可以分别选中各个立方体，并右击，从弹出的菜单中选择"计时"命令，然后在设置框的"延迟"栏中设置合适的延迟时间。

17. 调整幻灯片的动画速度

在用 PowerPoint 制作课件时，当对幻灯片中某一对象应用了动画效果之后，在"自定义动画"窗格中，就可以根据自己的需要进行动画速度的调整。PowerPoint 提供了五种速度，但在特殊情况下可能需要更慢或更快的速度。比如需要制作几朵云在空中缓慢地移动，可以为云彩设置"缓慢进入"的动画效果，并且在"速度"中将之调整为"非常慢"。可是这样的速度还是太快了，所期望的速度还要比这慢上两三倍。以下有两个解决方法。

方法一：在"自定义动画"窗格中，选择刚才的自定义动画，单击右侧向下的小箭头，在出现的下拉列表中选择"显示高级日程表"，在出现的"高级日程表"中，可以清楚地看到当前动画设置的速度，将光标放到表示时间的方块的右侧时，出现当前动画设置的开始时间和持续时间，当光标变成如图 4-52 所示的形状时，向右拖动鼠标，在拖动的时候，鼠标上方会有时间提示，这里调整为 20 秒，调整完毕后，按 F5 键观看放映，可以看到动画的速度已经符合要求了。

方法二：选择自定义动画，单击右侧向下的小箭头，在出现的下拉列表中选择"计时"选项，出现当前动画设置对话框，在"计时"选项卡中，显示出了当前的动画速度为"非常慢（5 秒）"，这时如果单击右侧的小箭头，还是只有五种速度可供选择。但值得注意的是，用户在这里可以直接输入期望的时间值，比如说在其中输入"20 秒"（如图 4-53 所示），单击"确定"按钮退出。按 F5 键观看放映，可以看到动画效果同方法一。

两种方法比较起来，第一种方法比较直观，如果在幻灯片中存在多个对象的话，在"高级日程表"中可以同时看到它们的动画速度设置，从而更容易在全局上把握；第二种方法设置起来非常简单，更适合调整单个对象的动画速度。

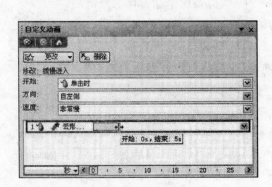

图 4-52   自定义动画

图 4-53   自定义动画的计时

18. 实现表格的动态填充

在此要实现的操作是利用 PowerPoint 展示一张空表,然后随着进展动态地填写表格。

由于在 PowerPoint 中插入的表格一般是 Word 中的表格或 Excel 工作表,这种表格是一个整体,所以不能对单元格中的内容进行动态设置。解决方法如下。

(1) 打开 PowerPoint 演示文稿,新建一张幻灯片,在幻灯片中插入一个表格。

(2) 在表格的每一格插入一个文本框,输入文字(注意:不能直接在表格中输入文字),并调整好文字大小和颜色。

(3) 用自定义动画(右击"幻灯片放映"菜单)设定好每一个文本框的动画方式。

(4) 用绘图工具画一个矩形,大小等于表格中每一单元格的大小或略小一点,线条(即边框)颜色定义为"无",填充什么颜色都可以,但一定不能定义为"无",否则无法使用。然后右击选择右键菜单中的"设置自选图形格式"命令,将填充的透明度设定为百分之一百(即全透明),为了方便下面操作时看到也可以在全部完成后再将它设为全透明。

(5) 将画好的矩形复制多个(按单元格的数量),并覆盖在每一个单元格上,这里要记住复制出的矩形的先后顺序,以便下面的操作。

(6) 打开自定义动画,从动画方式列表中选择要进行操作的文本框,在右边出现的小三角形上单击,从出现的菜单中选择"计时"→"触发器"→"单击下列对象时启动效果"命令,在右边出现的小窗口中选择覆盖在该文本上的矩形(它会自动按复制的先后顺序编号,这就是为什么要记住复制顺序的原因),单击"确定"按钮后就可以试一试效果了。其他的每一单元格以此类推。如果有不对应的(即单击这个单元格会出现另一单元格中的文字),只要将单元格中的矩形对调一下就可以了。

利用这种方法,不用考虑什么顺序,单击任意单元格就会出现该单元格的相应内容,先出现的内容后面不会消失,需要后出现的内容也不会提前跑出来,这样表格就能在演示者的控制下动态填充了。

19. 巧用触发器制作练习题

以前在用 PowerPoint 95 和 PowerPoint 2000 制作课件时,常常发现制作人机交互练习题非常麻烦。现在在 PowerPoint 2003 里,利用自定义动画效果中自带的触发器功能可以轻松地制作出交互练习题。触发器功能可以将画面中的任一对象设置为触发器,单击它,该触发器下的所有对象就能根据预先设定的动画效果开始运动,并且设定好的触发器可以多次重复使用。类似于 Authorware、Flash 等软件中的热对象、按钮、热文字等,单击后会引发一个或者一系列动作。下面举一个制作选择题的例子来说明如何使用PowerPoint 2003 的触发器,操作步骤如下。

(1) 插入文本框并输入文字

插入多个文本框,并输入相应的文字内容。注意:要把题目、多个选择题的选项和对错分别放在不同的文本框中(如图 4-54 所示)。

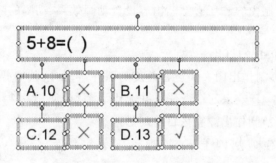

图 4-54 插入文本框并输入文字

(2) 自定义动画效果

触发器是在自定义动画中的,所以在设置触发器之前必须先设置每个"√"和"×"的自定义动画效果(如图 4-55 所示)。这里简单地设置其动画效果均为"展开"。

(3) 设置触发器

在自定义动画列表中单击"形状 6:√"的动画效果列表,选择"效果选项"命令,弹出"展开"对话框,选"计时"对话框,单击"触发器",然后选择"单击下列对象时启动效果"单选按钮,并在下拉框中选择"形状 5:D.13",如图 4-56 所示。接下来用同样的方法为形状 7、8、9 设置触发器。

图 4-55 自定义动画效果

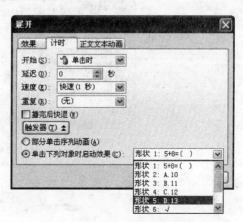

图 4-56 自定义动画的计时

（4）效果浏览

播放幻灯片，会发现单击 D 选项后会立即在右侧出现"√"，而单击 A、B、C 中的任何一个都会在右侧出现"×"。

通过触发器还可以制作判断题，方法类似，只要是人机交互的练习题都能通过它来完成。

20. 在一张幻灯片上长时间持续动画效果

不论制作的是文本的动画效果还是图片的动画效果，播放时都是瞬间即逝。以下方法能使这些动画效果长时间持续。

（1）选中需要长时间持续动画效果的内容，右击，复制它，然后根据想要动画持续的时间来确定粘贴的次数，尽可能使粘贴框的位置与原框一致。

（2）为所有被复制内容和所有粘贴内容设置动画效果、动画的间隔时间、设置动画播放后隐藏。

21. 制作炫目的 3D 幻灯片

PowerPoint 能够制作出图文和声音并茂的课件，可是这其中并不能使用 3D 动画效果。其实想要制作出 3D 效果的幻灯片也并非难事，只要使用一个 PPT 的 3D 效果插件 就能够轻松地制作出漂亮炫目的幻灯片。

这个插件能方便地从网上下载，插件安装完毕后，PowerPoint 的工具栏中将增加 PowerPlugs 工具栏，如图 4-57 所示。

图 4-57　增加 PowerPlugs 工具栏

操作步骤：新建幻灯片时，单击该工具栏的 Add 3D Transition 按钮，弹出设置对话框，单击 Style 下拉列表可选择 3D 动画效果，通过 Slow、Medium 和 Fast 三个单选按钮可设置动画速度。在 Sound 下拉列表中可设置伴音效果，选择 On mouse click 选项，鼠标单击后将播放下一张幻灯片，选择 Automatically after n seconds 选项，停留一定时间后将自动播放下一张幻灯片。设置完毕后单击 Apply 按钮即可，如全部幻灯片均使用同一种 3D 效果，可单击 Apply to All 按钮，如图 4-58 所示。

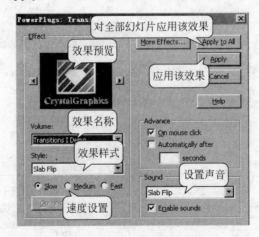

图 4-58　PowerPlugs 对话框

使用该插件制作的幻灯片需通过其工具栏的 View Show With 3D 按钮来播放,单击该按钮后即可欣赏图文声并茂的 3D 幻灯片了。

22. 制作电子相册

（1）选择"插入"→"图片"→"新建相册"命令,打开"相册"对话框。

（2）单击"文件/磁盘"按钮,打开"插入新图片"对话框。

（3）定位到照片所在的文件夹,在 Shift 或 Ctrl 键的辅助下,选中需要制作成相册的图片,单击"插入"按钮返回。

（4）根据需要调整好相应的设置,单击"创建"按钮。

（5）对相册进行修饰。

23. 图表也能用动画展示

PowerPoint 中的图表是一个完整的图形,如何将图表中的各个部分分别用动画展示出来呢？只需右击图表,选择"组合"中的"取消组合"选项就可以将图表拆分开,接下来就可以对图表中的每个部分分别设置动作。

24. 字的出现与讲演同步

为使字与旁白一起出现,可以采用"自定义动画"中按字母形式的向右擦除。但若是一大段文字,字的出现速度还是太快。这时可将这一段文字分成一行一行的文字块,甚至是几个字一个字块,再分别按顺序设置每个字块中字的动画形式为按字母向右擦除,并在时间项中设置与前一动作间隔一秒到三秒,就可使文字的出现速度与旁白一致了。

4.4 PowerPoint 的声音使用技巧

1. 随动画效果出现的声音

这项操作适用于增强动画的效果,以营造生动的场景。

操作步骤：为对象设置好动画效果后,双击设置的动画方案,打开动画方案对话框,在"效果"选项卡中单击"声音"下拉菜单,选择其中的声音效果或其他声音（来自文件）,如图 4-59 所示（图例中对象的动画方案选择了"百叶窗"）。

2. 插入声音

为演示文稿配上声音,可以大大增强演示文稿的播放效果。

（1）选择"插入"→"影片和声音"→"文件中的声音"命令,打开"插入声音"对话框。

（2）定位到需要插入声音文件所在的文件夹,选中相应的声音文件,然后单击"确定"按钮。此时会出现如图 4-60 所示的对话框,根据需要选择后,即可将声音文件插入到当前幻灯片中。

注意：①演示文稿只支持 mp3、wma、wav、mid 等格式的声音文件。②插入声音文件后,会在幻灯片中显示出一个小喇叭图片,为了美观,通常将该图标移到幻灯片边缘处。

图 4-59　随动画效果出现的声音　　　　　　　图 4-60　插入声音

3. 设置背景音乐

为演示文稿设置背景音乐,这是增强演示效果的重要手段。

(1) 选择一首合适的音乐文件,将其插入到第一张幻灯片中。

(2) 展开"自定义动画"任务窗格,双击打开"播放声音"对话框。

(3) 在"效果"选项卡下,选中"在 X 幻灯片之后"选项,并输入一个数值(若演示文稿共有 9 张幻灯片,就输入数值 9,如图 4-61 所示,意思是让声音播放动画在 9 张幻灯片之后停止),最后单击"确定"按钮返回即可。

4. 隐藏声音图标

在幻灯片中插入声音后,声音图标将出现在幻灯片中。多数人会为了使幻灯片更为美观,把声音图标拖到幻灯片边缘外,使幻灯片在演示时看不到该图标,但是不方便演示者的使用。

常用的隐藏方法是:选定小喇叭图标,在自定义动画窗格里单击音乐名称右侧的箭头,出现下拉列表,选择其中的"效果选项",在"播放 声音"对话框中选择"声音设置"选项卡,这里面有一个"幻灯片放映时隐藏声音图标"复选框,把它选上(如图 4-62 所示),这样在放映幻灯片时就看不到这个小喇叭了。

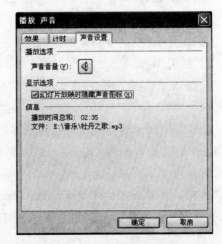

图 4-61　设置背景音乐　　　　　　　图 4-62　隐藏声音图标

对于白色背景的演示文稿,还可以这么隐藏:右击工具栏,选择"图片"命令打开图片工具栏。选中声音图标,单击"图片"工具栏中的"增加亮度"按钮,多次单击后,声音图标亮度太高感觉就像从幻灯片中消失了。

5. 声音的自由控制

通过"插入"→"影片和声音"命令向幻灯片中添加一个声音文件后,在演示播放该声音时,是不能在播放中途将声音暂停下来的。解决的办法就是可以为该声音文件添加几个触发器,即添加播放、暂停、结束等按钮,由这些按钮来控制声音的播放、暂停与结束等操作。具体操作分为以下几个主要步骤:

(1)插入声音出现对话框后选择"在单击时"开始播放声音。

(2)添加"播放"控制按钮。

① 选择"幻灯片放映"→"动作按钮"命令,从"动作按钮"级联菜单中选择一个按钮样式,返回到幻灯片上拖动鼠标绘制一个按钮。

② 按钮绘制完毕会自动弹出"动作设置"对话框,将"单击鼠标"选项卡中"单击鼠标时的动作"设为"无动作",如图4-63所示。

③ 在添加的按钮上右击,在弹出的菜单中选择"添加文本"选项,此时按钮上方会处于可编辑状态,在上面输入"播放"字样。

④ 再次打开"幻灯片放映"菜单,选择"自定义动画"命令,会在 PowerPoint 窗口的右侧打开"自定义动画"任务窗格,这时已经自动添加了一个"播放"触发器,双击"播放"触发器打开"播放声音"窗口,切换到"计时"选项卡,选中"触发器"下的"单击下列对象时启动效果"单选按钮,然后在下拉菜单中选择添加的播放按钮即可,如图4-64所示。

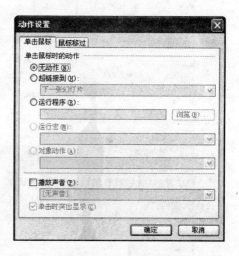

图 4-63 动作设置对话框

(3)添加"暂停"控制。

"播放"触发器是 PowerPoint 自动添加的,还需要额外添加"暂停"触发器。

① 在幻灯片中选中插入的声音文件,然后单击右侧"自定义动画"区域的"添加效果"按钮,在弹出的菜单中选择"声音操作"子菜单中的"暂停"命令,如图4-65所示;之后即会在动画列表中看到刚刚添加的暂停触发器。

② 添加了触发器后还要为其添加相对应的控制按钮,用添加播放按钮的方法在幻灯片中插入一个按钮,同样设置为"无动作"并为其添加文本"暂停";后续设置与添加播放按钮的步骤一致,操作示意如图4-66所示。

现在来看看效果。按下 F5 键播放幻灯片,单击演示屏幕上的"播放"按钮声音开始播放,单击"暂停"按钮停止播放,再次单击"暂停"按钮则恢复播放。

利用上面的方法也可为声音文件设置一个停止按钮。

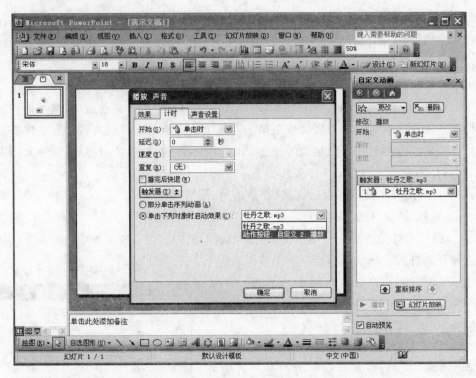

图 4-64　播放声音设置

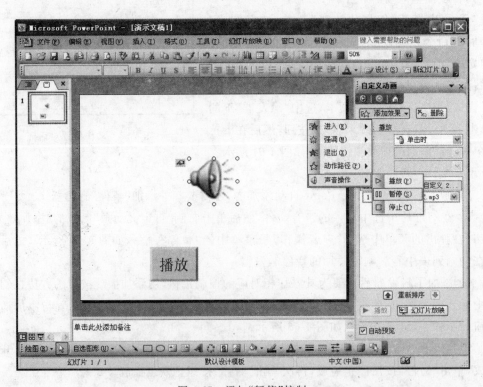

图 4-65　添加"暂停"控制

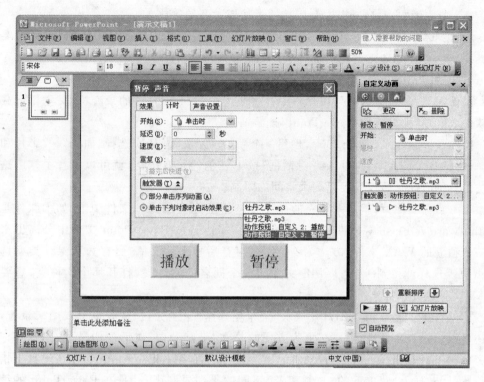

图 4-66 "暂停 声音"对话框

6. 异地声音正常播放

在演示文稿中插入的声音,有时到其他计算机上不能正常播放,这是由于插入的声音对象含有盘符和路径,而在其他计算机上路径不一致,所以不能正常播放。为了避免这种现象的出现,可以在建立演示文稿时,将所要插入的声音文件和演示文件放在同一文件夹下,完成后将该文件打包。打包后再将该文件解压,然后用解压后的文件覆盖原演示文件即可。

7. PowerPoint 播放多种音视频文件的技巧

在 PowerPoint 中往往通过选择"插入"→"影片和声音"→"文件中的影片(或文件中的声音)"命令来播放音频视频文件,但这种方法不方便对音视频进行控制。现在介绍一种利用 Media Player 控件控制音视频播放的方法,操作步骤如下。

(1)选择"视图"→"工具栏"→"控件工具箱"命令,选择控件 Windows Media Player。

(2)用"+"字形在 PowerPoint 页面上画出一个矩形,即嵌入一个 Media Player 播放器。

(3)双击该播放器,或在拖画的区域内单击鼠标右键,在弹出的快捷菜单中选择"属性"命令,出现控件属性窗口。

(4)在控件属性窗口的 URL 文本框里输入音视频文件名(包括扩展名)的地址,比如 D:\AAA.mpg(建议使用相对路径)。或单击"自定义"栏后的小按钮,输入或选取要播放的文件。

（5）若取消"自动启动"选项，则按播放按钮才开始播放。

注意：这种方法可播放大多数音视频格式的文件，但要播放 RM 格式的文件则要先下载安装一个"Realone 解码器 For Windows Media Player"。

8. 巧用 PowerPoint 的录音功能

课件需要有声有色，如果用户不太喜欢使用 Windows 自备的录音机，又觉得下载别的软件太麻烦，那么就用 PowerPoint 吧。

操作步骤：打开 PowerPoint，创建一个新的演示文稿，依次选择"插入"→"影片和声音"→"录制声音"命令，打开录音对话框，按下红色的录音按钮，就可以录音了。用这种方法录音的时间长短仅受硬盘剩余空间的限制。

有一点需要注意，就是录制完的声音被包含在 PowerPoint 文件中了，如果课件是用 Authorware 或 Flash 等软件制作的，那么就得将声音从 PowerPoint 文件中分离出来成为一个独立的 WAV 文件，方法为：录制完声音后将演示文稿"另存为"，保存类型选择 Web 页。这样就得到一个 HTML 文件和一个同名的文件夹，打开那个文件夹，想要的 WAV 文件就在里面。

此外，PowerPoint 的"幻灯片放映"菜单里那个"录制旁白"命令也可以用来录音，而且还可以对录音质量进行设置，更为方便的是在"录制旁白"对话框的最下端有一个"链接旁白"复选框，选择了这一项，录制的声音就可以直接以 WAV 格式保存在硬盘上指定的位置。与"插入"菜单下的"录制声音"不同的是，"录制声音"是在 PowerPoint 的编辑状态下录音，而"录制旁白"是在幻灯片放映状态下录音。

顺便说一下，通过声卡录音时声音的来源有多种选择，常见的有"麦克风"、"线路输入"、"立体声混音器"等。双击任务栏上的小喇叭图标，在出现的"主音量"对话框中单击"选项"菜单下的"属性"命令，选择"录音"后单击"确定"按钮。在"录音控制"对话框中可根据实际情况进行选择，用话筒录音要选择"麦克风（Microphone）"，用专用的音频连接线通过声卡的线路输入端口录制录音机、录像机等设备输出的声音要选择"线路输入（Linein）"，用"内录"的方式录制声卡自身输出的声音要选择"立体声混音器（在 Windows 中视不同声卡可选 monomix、stereomix 或"合成"）"。

9. 将声音文件无限制打包到 PPT 文件中

幻灯片打包后可以到没有安装 PPT 的电脑中运行，如果链接了声音文件，则默认将小于 100KB 的声音素材打包到 PPT 文件中，而超过该大小的声音素材则作为独立的素材文件。其实可以通过设置将所有的声音文件一起打包到 PPT 文件中，方法是选择"工具"→"选项"→"常规"命令，将"链接声音文件不小于 100KB"的数值增大，如"50000KB"（最大值）就可以了。

4.5　PowerPoint 的视频使用技巧

1. 直接播放视频

这种播放方法是将事先准备好的视频文件作为电影文件直接插入到幻灯片中，该方法是最简单、最直观的。使用这种方法将视频文件插入到幻灯片中后,PowerPoint 只提供简单的"暂停"和"继续播放"控制,而没有其他更多的操作按钮供选择。具体操作步骤如下。

(1) 运行 PowerPoint 程序,打开需要插入视频文件的幻灯片。

(2) 将鼠标移动到菜单栏中,单击其中的"插入"选项,从打开的下拉菜单中选择"插入影片文件"命令。

(3) 在随后弹出的文件选择对话框中,将事先准备好的视频文件选中,并单击"添加"按钮,这样就能将视频文件插入到幻灯片中了。

(4) 用鼠标选中视频文件,并将它移动到合适的位置,然后根据屏幕的提示直接点选"播放"按钮来播放视频,或者选中自动播放方式。

(5) 在播放过程中,可以将鼠标移动到视频窗口中,单击一下,视频就能暂停播放。如果想继续播放,再用鼠标单击一下即可。

2. 插入控件播放视频

这种方法就是将视频文件作为控件插入到幻灯片中,然后通过修改控件属性,达到播放视频的目的。使用这种方法,有多种可供选择的操作按钮,播放进程可以完全自己控制,使操作更加方便灵活。该方法更适合 PowerPoint 课件中图片、文字、视频在同一页面的情况。具体操作步骤如下。

(1) 运行 PowerPoint 程序,打开需要插入视频文件的幻灯片。

(2) 将鼠标移动到菜单栏,单击其中的"视图"选项,从打开的下拉菜单中选择"控件工具箱"命令,再从下级菜单中选中"其他控件"按钮。

(3) 在随后打开的控件选项界面中,选择 Windows Media Player 选项,再将鼠标移动到 PowerPoint 的编辑区域中,画出一个合适大小的矩形区域,随后该区域就会自动变为 Windows Media Player 的播放界面。

(4) 用鼠标选中该播放界面,然后右击,从弹出的快捷菜单中选择"属性"命令,打开该媒体播放界面的"属性"窗口。

(5) 在"属性"窗口的 File Name 设置项处正确输入需要插入到幻灯片中视频文件的详细路径及文件名。这样在打开幻灯片时,就能通过"播放"控制按钮来播放指定的视频了。

(6) 为了让插入的视频文件更好地与幻灯片组合在一起,还可以修改"属性"设置界面中控制栏、播放滑块条以及视频属性栏的位置。

(7) 在播放过程中,可以通过媒体播放器中的"播放"、"停止"、"暂停"和"调节音量"等按钮对视频进行控制。

3. 插入对象播放视频

这种方法是将视频文件作为对象插入到幻灯片中,与以上两种方法不同的是,它可以随心所欲地选择实际需要播放的视频片段,然后再播放。具体操作步骤如下。

(1) 打开需要插入视频文件的幻灯片,选择"插入"→"对象"命令,打开"插入对象"对话框。

（2）选中"新建"单选按钮后，在对应的"对象类型"列表框中选择"视频剪辑"选项，单击"确定"按钮。

（3）PowerPoint 自动切换到视频属性设置状态，选择"插入剪辑"→"Windows 视频"命令，将事先准备好的视频文件插入到幻灯片中。

（4）选择"编辑"→"选项"命令，打开选项设置框，在其中设置视频是否需要循环播放，或者是播放结束后是否要倒退等，单击"确定"按钮返回到视频属性设置界面。

（5）单击工具栏中的视频"入点"按钮和"出点"按钮，重新设置视频文件的播放起始点和结束点，从而达到随心所欲地选择需要播放视频片段的目的。

（6）单击设置界面的空白区域，就可以退出视频设置的界面，从而返回到幻灯片的编辑状态。还可以使用预览命令，检查视频的编辑效果。

4. 在幻灯片中播放 AVI 视频文件

（1）把鼠标移动到所要插入视频文件的幻灯片，选择"插入"→"影片和声音"→"文件中的影片"命令，指定需要播放的 AVI 文件，然后单击"确定"按钮。

（2）这时会弹出一个提示框："是否需要在放映幻灯片时自动播放影片？如果不，则在单击时播放影片。"，单击"是"按钮后就将此 AVI 视频文件插入到该幻灯片中。

（3）选择"幻灯片放映"→"自定义动画"命令。

（4）在"自定义动画"对话框中，选择"时间"选项卡，单击"启动动画"中的"播放动画"按钮；如果设置在放映时自动播放，则单击"在前一事件后自动播放"按钮；选择"效果"选项卡，在"动画和声音"选择框中选中"不使用效果"（系统已默认）；选择"播放设置"选项卡，根据需要进行相关设置，常见的是单击"继续幻灯片放映"和复选中"不播放时隐藏"按钮，其他系统默认；单击"确定"按钮即可。

5. 将 Dat 格式转化为 AVI 格式

大家都知道 VCD 中的视频文件格式大多数为 .dat，但它偏偏不能被 PowerPoint 所识别，所以必须将它转换成 PowerPoint 能识别的 AVI 格式。操作步骤如下。

（1）将要转为 AVI 的 VCD 影碟放进光驱，同时按住 Shift 键避免超级解霸自动播放。然后打开运行"开始"→"程序"→"豪杰超级解霸"中的"VCD 转 AVI"，便出现 VCD 转 AVI 的界面。

（2）单击"视频文件"按钮，打开光盘中 MPEGAV 目录下的 VCD 文件，选择所要转换的文件，然后单击"视频处理方法"按钮，选择相应的视频处理方法，默认值为"采用 MMX 的快速算法"。再单击"音频处理方法"按钮，选择相应的频率及通道。一般只需将这两项设为默认值，如果设为比较高的音频或视频处理方法，将会使转换后的文件容量更大。

（3）将小画面下方的游标，用鼠标拖动到所要剪辑片段的起始位置，当然在"视频流"下面的小画面中也会显示出该位置的视频图像。也可以通过单击"播放"按钮，选取所要剪辑片段的起始位置，然后单击"停止"按钮。

（4）单击"另存为"按钮，指定要保存到硬盘中的路径。这时大家一定要注意一点，确认一下硬盘空间是否足够。因为在一般情况下，当 dat 文件转化为 AVI 文件时，其体积会增加十几倍。

（5）单击"开始压缩"按钮，这时会弹出一个"视步压缩"的对话框，一般将压缩程序设为"Microsoft Video 1"，其他设置使用默认值即可，然后单击"确定"按钮后就开始压缩了。这时就会在"压缩进度"的右边出现蓝色的进度块，并会在小画面中显示正在播放的视频图像，在"正在压缩帧"中出现相对应的数值。如果只想剪辑其中的某段，压缩的过程中，只需在所要剪辑片段的终点位置单击"停止压缩"按钮。完成压缩后，单击"退出"按钮即可退出"VCD 转 AVI"。

6. 在 PowerPoint 中使用 Flash 动画

由 Flash 制作的动画因其体积小、交互性好、采用矢量图形等优点，而广泛应用在 Web 开发与制作上。在 PowerPoint 中同样可以引用 Flash 动画。

PowerPoint 能够播放 Flash 动画文件的前提条件是要预先安装 Flash 和 Flash 控件，Flash 控件文件名为 SWFLASH. OCX，可通过下列两种方法来安装 Flash 控件。

（1）通过运行 FlashActiveX 安装文件 InstallAXFlash. exe 进行安装。

（2）选择"控制面板"中的"添加/删除程序"，选择"安装 Windows"选项卡，并选中"多媒体"项目中的 MacromediaShockWAVeFlash 复选框。

在 PowerPoint 中插入 Flash 动画的方法如下。

（1）将扩展名为.swf 的 Flash 动画文件插入 PowerPoint

① 打开 PowerPoint 幻灯片，选择"插入"→"对象"命令，弹出"插入对象"对话框。

② 在"插入对象"对话框中选择"由文件创建"选项，并输入 Flash 路径文件名。

③ 在幻灯片视图上，右击 Flash 文件图标，在快捷菜单中选择"动作设置"选项（如图 4-67 所示）。

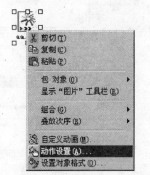

右击Flash图标→快捷菜单→"动作设置"

图 4-67　动作设置

④ 在"单击鼠标"选项卡中的"对象动作"选项中选择"激活内容"选项。

⑤ 在幻灯片放映视图时，单击 Flash 文件图标，即可播放 Flash 动画。

这种方法操作简单，但在幻灯片中会出现一个 Flash 文件图标，用户无法将它设置成其他图片。

（2）将 Flash 生成的.exe 动画文件插入 PowerPoint

① 在幻灯片视图中，用绘图工具画出一个图形，或者插入一个图片。

② 在幻灯片上，右击该图形或图片，在快捷菜单中选择"动作设置"选项。

③ 在"动作设置"对话框中，选中"单击鼠标"选项卡中的"运行程序"选项，并指定 Flash 动画的路径及文件名。

④ 在幻灯片放映视图中，单击链接了 Flash 的图形或图片，即可播放 Flash 动画。

（3）利用 ActiveX 控件插入 Flash 动画

所谓 ActiveX 技术，是指将可重复使用的代码片段以控件的形式保存起来，在程序中通过添加控件进行调用。

而 ActiveX 控件以前被称为 OLE 控件，是一个标准的用户接口元素。各种支持 ActiveX 控件的软件都采用相同的接口定义，所以在一种软件中生成的 ActiveX 控件也可以在另一种软件中使用。

PowerPoint 中同样也集成了强大的 ActiveX 功能，通过 ActiveX 控件也可以实现插入 Flash 动画的操作。

① 在幻灯片视图中，选择"视图"→"工具栏"→"控件工具箱"命令。

② 在"控件工具箱"中，单击"其他工具"图标，从弹出的控件下拉列表中选择 ShockWAVe Flash Object 选项（如图 4-68 所示），在鼠标变成"＋"形状时，将其拖动即出现 Flash 控件图形。

③ 拖好 Flash 窗口后，右击该窗口。在弹出的菜单里选择"属性"选项，在 Flash 的页面属性对话框中的 Movie 文本框中输入 SWF 格式电影文件的 URL 或路径（如图 4-69 所示）。如果 SWF 电影文件在 PowerPoint 文件的同一目录下，则输入 SWF 文件名即可。

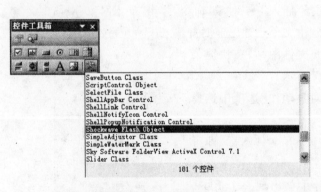

图 4-68　添加控件

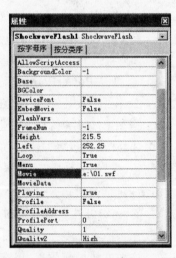

图 4-69　属性设置

④ 调整幻灯片上控件对象的大小、位置，即可在幻灯片放映方式下直接播放 Flash 动画。

4.6　PowerPoint 的放映技巧

1. 自定义播放方式

一份 PPT 演示文稿，如果需要根据观众的不同有选择地放映，可以通过"自定义放映"方式来达到。

（1）选择"幻灯片放映"→"自定义放映"命令，打开"自定义放映"对话框。

（2）单击"新建"按钮，打开"定义自定义放映"对话框（如图 4-70 所示）。

（3）输入一个放映方案名称，添加需要放映的幻灯片，单击"确定"按钮返回。

（4）以后需要放映某种方案时，再次打开"自定义放映"对话框，选择一种放映方案，单击"放映"按钮就行了，如图 4-70 所示。

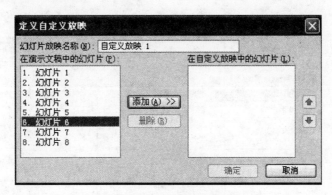

图 4-70　自定义播放方式

2. 幻灯片的跳转

在幻灯片放映状态下有时需退回某一张幻灯片，常见的方法是单击鼠标右键选上一张。但这个方法不太好，常给人以出错的感觉，较好的方法是使用 PageUp 或 PageDown 选择上一张或下一张幻灯片。

3. 快速定位幻灯片

在播放演示文稿时，如果要快进到或退回到第 5 张幻灯片，可以按下数字 5 键，再按下回车键。

若要从任意位置返回到第 1 张幻灯片，还有另外一个方法：同时按下鼠标左右键并停留 2 秒钟以上。

4. 取消单击鼠标时换页

用户经常会在 PPT 中设置超链接来打造菜单，但如果在无意中单击了链接以外的区域，PowerPoint 会自动播放下一张幻灯片，使得精心设计的菜单形同虚设。造成这样结果的原因很简单，PowerPoint 2003 在默认情况下，幻灯片的切换方式是单击鼠标时换页。

解决办法是在编辑状态下，单击菜单所在的幻灯片，然后选择"幻灯片放映"→"幻灯片切换"命令，打开"幻灯片切换"窗口，取消"单击鼠标时"前面的"√"号即可，下面的时间选项使用默认设置即不设置时间。这样，这张幻灯片只有在单击菜单栏相应的链接时才会切换。要注意的是，"返回"按钮所在的幻灯片也应采用相同的设置，以避免单击"返回"按钮以外的区域时不能返回到主菜单。

5．放映时隐藏鼠标

操作步骤：放映幻灯片时，单击右键，在弹出的快捷菜单中选择"指针选项"→"箭头选项"→"永远隐藏"命令，就可以让鼠标指针无影无踪了。如果需要"唤回"指针，则选择此项菜单中的"可见"命令（如图 4-71 所示）即可。如果选择了"自动"（默认选项）命令，则将在鼠标停止移动 3 秒后自动隐藏鼠标指针，直到再次移动鼠标时才会出现。

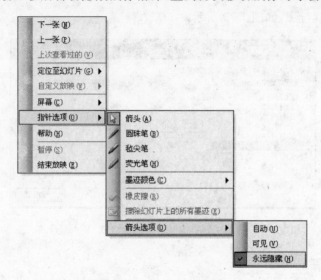

图 4-71　放映时隐藏鼠标

当然，也可以通过按键盘组合键 Ctrl＋H 来快速隐藏鼠标，要显示鼠标则按 Ctrl＋A。

6．窗口模式下播放 PPT

在按住 Alt 键不放的同时，依次按下 D、V 键，就可在窗口模式下播放 PPT 了。

7．编辑放映两不误

想要一边播放幻灯片，一边对照着演示结果对幻灯进行编辑，只需按住 Ctrl 不放，选择"幻灯片放映"菜单中的"观看放映"命令就可以了。此时幻灯片将演示窗口缩小至屏幕左上角。修改幻灯片时，演示窗口会最小化，修改完成后再切换到演示窗口就可看到相应的效果了。

8．利用画笔做标记

放映幻灯片时，为了让效果更直观，有时需要现场在幻灯片上做些标记。

操作步骤：在打开的演示文稿中右击，在出现的快捷菜单的"指针选项"下选择一种笔型（如图 4-72 所示），这样就可以调出画笔在幻灯片上写写画画了。如果要清除画笔的勾画痕迹，直接按 E 即可。

如果要改变绘画笔的颜色，则选择"指针选项"→"墨迹颜色"命令，在颜色列表框中选择一种合适的颜色即可（如图 4-73 所示）。

9．随时记录下放映的感受

在演示文稿放映过程中，随时记录下自己的感受或者观众的意见，对进一步完善演

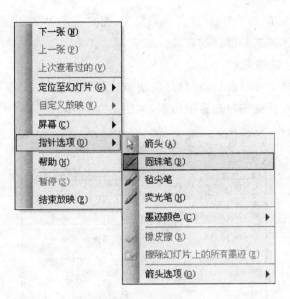

图 4-72 指针选项

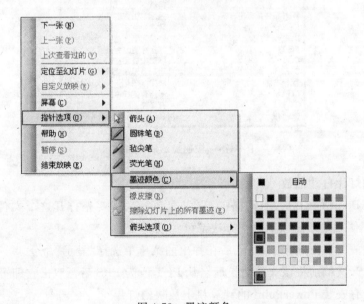

图 4-73 墨迹颜色

示文稿大有益处。

操作步骤：在放映过程中，右击鼠标，在随后出现的快捷菜单中，选择"屏幕"→"演讲者备注"选项，打开"演讲者备注"对话框，输入自己的感受或者观众的意见，然后关闭对话框，返回继续播放。记录下来的内容会保存在幻灯片的备注窗口中。

10. 在播放中途显示一张空白画面

有时，在做演示时，会有人问一些问题，它可能与正在放的这张幻灯片无关，而演讲者想把注意力集中在问题上，或者只是因为听众需要休息十分钟，这时就需要让屏幕显示一个空屏。这很简单,按一下 B 键会显示黑屏,而按一下 W 键则是一张空白画面。再按一次将返回到刚才放映的那张幻灯片。

11. 快速显示放映帮助

如果需要在放映 PowerPoint 幻灯片时快速访问快捷键,只需按下 F1(或 Shift+?),"幻灯片放映帮助"对话框将自动显示出来(如图 4-74 所示)。

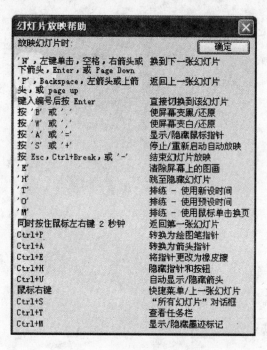

图 4-74　快速显示放映帮助

12. 让幻灯片自动播放

让 PowerPoint 的幻灯片自动播放,可以避免每次都要先打开这个文件才能进行播放所带来的不便和烦琐。以下两个方法都可实现。

(1) 在播放时右击这个文稿,然后在弹出的菜单中选择"显示"命令。

(2) 在打开文稿前将该文件的扩展名从 PPT 改为 PPS 后再双击它即可。

13. 在没有安装 PowerPoint 的计算机上放映幻灯片

只要把 PowerPoint 的播放器 ppview32.exe 复制到没有安装 PowerPoint 的计算机上,就能放映幻灯片了。

ppview32.exe 位于 CD-ROM 的 Pfiles\MSOffice\Office 文件夹中。

如果安装 PowerPoint 时安装了播放器,则 ppview32.exe 将被安装在硬盘的 ProgramFiles\MicrosoftOffice\Office\Xlators 文件夹中。

用 PowerPoint 播放器播放演示文稿的方法如下。

(1) 在 Windows 资源管理器中找到 Ppview32.exe,并双击。

(2) 选择要放映的演示文稿(解包后的),然后选择其他所需的选项。

（3）单击"放映"按钮。

14. 连续播放演示文稿

在使用 PowerPoint 播放器时，有时会希望能够连续播放多个演示文稿，这就要用到播放列表（＊.lst）。

创建播放列表的方法如下。

（1）在任何字处理程序中打开新的空文档。

（2）在文档中输入要放映的演示文稿文件名（如：kk.ppt），如果要放映多个演示文稿，请在每行输入一个文件名。

（3）将文档存成文本文件，扩展名为.lst，并将它与列出的演示文稿放在相同文件夹中。

注：在保存＊.lst文件时，请在"文件名"文本框中输入："文件名.lst"（带引号）。

运行播放列表的方法如下。

（1）在 Windows 资源管理器中找到 Ppview32.exe，并双击。

（2）选择要放映的播放列表，然后选择其他所需的选项。

（3）单击"放映"按钮。

15. PowerPoint 播放器的使用技巧

（1）演示文稿的自动播放。

① 右击 Ppview32.exe，选择"创建快捷方式"选项。

② 右击所建的快捷方式，选择"属性"选项。

③ 选择"快捷方式"选项卡。

④ 在"目标"文本框中加入开关及需要播放的演示文稿，如：C:\PPVIEW32.EXE/a c:\a1.ppt c:\a2.ppt。若需要播放的演示文稿有多个，可继续在末尾添加（以空格相隔）。

⑤ 单击"确定"按钮。

现在，当双击 Ppview32.exe 的快捷方式时，不再弹出对话窗，而是直接播放演示文稿。

（2）设置幻灯片的播放范围。

一个演示文稿可能由多个部分组成，若要选取部分内容进行播放，就要用到开关（→R＝n－m）。使用方法如下。

① 右击 Ppview32.exe 快捷方式，选择"属性"选项。

② 选择"快捷方式"选项卡。

③ 在"目标"文本框中加入开关及需要播放的演示文稿，如：C:\PPVIEW32.EXE/r＝2－7/a c:\a1.ppt（开关间以空格相隔）。

④ 单击"确定"按钮。

现在，当双击 Ppview32.exe 的快捷方式时，将从演示文稿的第2张播放到第7张。

（3）在窗口中播放演示文稿（/W）。

窗口显示演示文稿的实现要靠启动开关/W，具体方法如下。

① 右击 Ppview32.exe 快捷方式，选择"属性"选项。

② 选择"快捷方式"选项卡。

③ 在"目标"文本框中加入开关及需要播放的演示文稿，如：E:\PPVIEW32.EXE/w/a c:\a1.ppt（开关间以空格相隔）。

④ 单击"确定"按钮。

现在，当双击 Ppview32.exe 的快捷方式时，直接在窗口中播放演示文稿，可用"最大化"、"最小化"及"退出"按钮控制播放窗口。

（4）设置循环播放。

循环播放演示文稿可以免去重复播放时的操作，在一些展览会上常常可以见到，其实现方法如下。

① 右击 Ppview32.exe 快捷方式，选择"属性"选项。

② 选择"快捷方式"选项卡。

③ 在"目标"文本框中加入开关及需要播放的演示文稿，如：E:\PPVIEW32.EXE/l/a c:\a1.ppt（开关间以空格相隔）。

④ 单击"确定"按钮。

现在，双击 Ppview32.exe 的快捷方式时，会直接循环播放演示文稿，直至按下 Esc 键。

（5）设置锁定密码。

如果需要循环播放演示文稿，又不能保证随时有人看守，为了防止他人按下 Ese 键终止播放，可使用/K 开关。使用方法如下。

① 右击 Ppview32.exe 快捷方式，选择"属性"选项。

② 选择"快捷方式"选项卡。

③ 在"目标"文本框中加入开关及需要播放的演示文稿，如：E:\PPVIEW32.EXE/k/a c:\a1.ppt（开关间以空格相隔）。

④ 单击"确定"按钮。

现在，当双击 Ppview32.exe 的快捷方式时，弹出对话窗，请用户输入密码及确认密码，输入并确定后，开始循环播放演示文稿。当有人按下 Esc 键时，弹出对话窗，要求输入锁定密码，输入正确密码后退出播放，否则继续播放。

4.7 PowerPoint 的其他应用

1. 利用 PowerPoint 上网

运行 PowerPoint 时也可轻松上网，而不用打开 IE 浏览器。操作步骤：在"幻灯片"视图下，单击"视图"→"工具栏"→"Web"命令可发现在工具栏上有地址栏，在此地址栏中输入地址即可上网(如图 4-75 所示)。

图 4-75　利用 PowerPoint 上网

2. 将演示文稿打包

幻灯片打包的目的,通常是要在其他电脑(其中很多是尚未安装 PowerPoint 的电脑)上播放自己的幻灯片。打包时不仅幻灯片中所使用的特殊字体、音乐、视频片段等元素都要一并输出,有时还需手工集成播放器,所以较大的演示文稿只好用移动硬盘、光盘等设备携带。而且,由于不同版本的 PowerPoint 所支持的特殊效果有区别,要播放演示文稿最好安装相应版本的 PowerPoint 或 PowerPoint Viewer,否则还可能丢失演示文稿中的特殊效果。上述问题给异地使用演示文稿带来了不便。可喜的是,PowerPoint 2003 克服了这些不足,它提供了以下方法帮助用户轻松完成演示文稿的打包。

方法一:把演示文稿打包成 CD

PowerPoint 2003 新增的把演示文稿打包成 CD 的功能,可打包演示文稿和所有支持文件,包括链接文件,并从 CD 自动运行演示文稿。如果用户的 PowerPoint 2003 的运行环境是 Windows XP,就可以将制作好的演示文稿直接刻录到 CD 上,做出的演示 CD 可以在 Windows 98 SE 及其以上的环境播放,而无须 PowerPoint 主程序的支持。一张光盘中可以存放一个或多个演示文稿。

打包步骤如下。

(1) 打开要打包的演示文稿。如果正在处理以前未保存的新的演示文稿,建议先进行保存。

(2) 选择"文件"→"打包成 CD"命令,弹出"打包成 CD"对话框,这时打开的演示文稿就会被选定并准备打包了(如图 4-76 所示)。

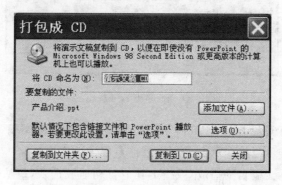

图 4-76　将演示文稿打包(1)

(3) 如果需要将更多演示文稿添加到同一张 CD 中,将来按设定顺序播放,可单击"添加文件"按钮,从"添加文件"对话框中找到并双击其他演示文稿,这时窗口中的演示文稿文件名就会变成一个文件列表(如图 4-77 所示)。默认情况下,演示文稿被设置为按照"要复制的文件"列表中排列的顺序进行自动运行,若要更改播放顺序,请选择一个演示文稿,然后单击向上键或向下键,将其移动到列表中的新位置;若要删除演示文稿,请选中它,然后单击"删除"按钮。

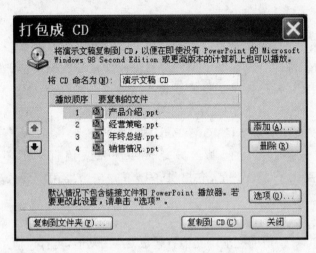

图 4-77　将演示文稿打包(2)

(4) 如果用户有一些特殊需要,可以单击图 4-77 中的"选项"按钮打开"选项"对话框(如图 4-78 所示)对演示文稿的打包方式进行设置。

图 4-78　将演示文稿打包(3)

如果需要在没有安装 PowerPoint 2003 的环境中播放演示文稿,要选中"PowerPoint 播放器"复选框,这样可以将演示文稿与播放器集成。

如果要禁止演示文稿自动播放,或指定其他自动播放选项,请从"选择演示文稿在播放器中的播放方式"下拉列表中进行选择,其中提供了"按指定顺序自动播放演示文稿"、"仅自动播放第一个演示文稿"、"让用户选择要播放的演示文稿"、"不自动播放"四个选项。

如果用户的演示文稿链接了 Excel 图表等文件,要选中"链接的文件"复选框,这样可以将链接文件和演示文稿共同打包。

如果用户的演示文稿使用了不常见的 TrueType 字体,最好将"嵌入的 TrueType 字体"复选框选中,这样能将 TrueType 字体嵌入演示文稿,从而保证异地播放演示文稿的效果与设计相同。

如果用户的演示文稿含有商业机密,或不想让他人执行未经授权的修改,可以在"帮助保护 PowerPoint 文件"下面输入要使用的密码。

(5)上面的操作完成后单击"确定"按钮回到图 4-77 所示界面,就可以准备刻录 CD 了。

(6)将空白 CD 盘放入刻录机,单击图 4-77 中的"复制到 CD"按钮,就会开始刻录进程。稍等片刻,一张专门用于演示 PPT 文稿的光盘就做好了。

(7)将复制好的 CD 插入光驱,稍等片刻就会弹出 Microsoft Office PowerPoint Viewer 对话框,单击"接受"按钮接受其中的许可协议,即可按用户先前设定的方式播放演示文稿。

方法二:把演示文稿复制到文件夹

如果使用的操作系统不是 Windows XP,或不想使用 Windows XP 内置的刻录功能,也可以先把演示文稿及其相关文件复制到一个文件夹中。这样既可以把它做成压缩包发送给别人,也可以用其他刻录软件自制演示文稿光盘。

把演示文稿复制到文件夹的方法与打包到 CD 的方法类似,按上面介绍的方法操作,完成前两步操作后,不要单击"复制到 CD"按钮,而是单击其中的"复制到文件夹"按钮,在弹出的对话框中输入文件夹名称和复制位置(如图 4-79 所示),单击"确定"按钮即可将演示文稿和 PowerPoint Viewer 复制到指定位置的文件夹中。

图 4-79 把演示文稿复制到文件夹

复制到文件夹中的演示文稿可以这样使用:一是使用 Nero Burning ROM 等刻录工具,将文件夹中的所有文件刻录到光盘。完成后只要将光盘放入光驱,就可以像 PowerPoint 2003 复制的 CD 那样自动播放了。假如用户将多个演示文稿所在的文件夹刻录到 CD,只要打开 CD 上的某个文件夹,运行其中的 play.bat 就可以播放演示文稿了。如果用户没有刻录机,也可以将文件夹复制到闪存、移动硬盘等移动存储设备,播放演示文稿时,运行其中的 play.bat 就可以了。

3. 把演示文稿打包成网页

上面两种 PowerPoint 2003 文件打包方法的本质相同,它们都要使用 PowerPoint

Viewer,从而导致演示文稿的体积变大。如果用户对播放效果没有太高的要求,可以将演示文稿保存为网页。这样只需用 IE 浏览器就可以播放演示文稿,其体积也会大大缩小。

操作步骤:打开要保存的演示文稿,选择"文件"→"另存为网页"命令,打开"另存为"对话框(如图 4-80 所示)。其中默认的保存类型是"单个文件网页",只需选择好"保存位置"并输入文件名,单击"保存"按钮就可以了。

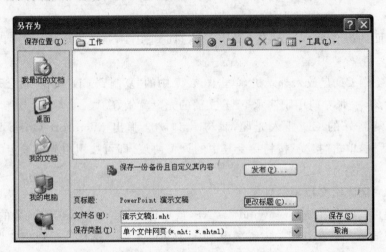

图 4-80　把演示文稿打包成网页

如果用户需要将演示文稿中的部分幻灯片保存为网页,可以单击"另存为"对话框中的"发布"按钮,打开"发布为网页"对话框(如图 4-81 所示)。选中其中的"幻灯片编号"单选按钮,然后在后面的选择框内设定幻灯片的起始编号。此外,用户还可以选择是否显示演讲者备注,打开所保存的网页使用的浏览器类型等。最后单击对话框中的"发布"按钮,就可以在指定的位置将演示文稿保存为网页了。

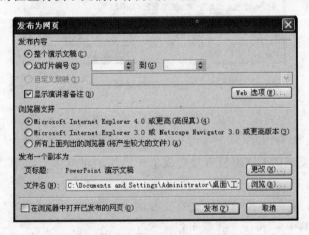

图 4-81　把演示文稿打包成网页

保存为网页的演示文稿可以用浏览器直接打开,其浏览方式有两种:第一种和普通网页相似,Windows 状态栏上方第二行可以看到"大纲"、"上一张幻灯片"、"下一张幻灯片"和"幻灯片放映"四个工具按钮。单击"大纲"按钮可以在窗口左侧打开一个窗格,其中显示了演示文稿中各个幻灯片的名称,单击名称就可以在当前窗口中显示该幻灯片。单击"上一张幻灯片"或"下一张幻灯片"按钮,可以顺序打开演示文稿中的幻灯片。第二种和 PowerPoint 全屏幕方式类似。单击"幻灯片放映"按钮以后,浏览器以全屏幕方式播放演示文稿,窗口除了带有浏览器的标题栏和工具栏以外,播放效果和 PowerPoint 2003 放映的幻灯片相近。用户可以通过事先设定的单击鼠标等方式切换幻灯片,播放完毕后单击浏览器或窗口的"关闭"按钮就可以回到原来的状态。

4. 解开演示文稿包

已打包的演示文稿在异地计算机上必须解开压缩(解包)方能进行演示放映,其操作步骤如下。

(1) 插入存放演示文稿的磁盘。

(2) 使用"Windows 资源管理器"定位到磁盘所在的驱动器,然后双击磁盘中的 Pngsetup.exe,弹出"打包安装程序"对话框。

(3) 在"打包安装程序"对话框中选择存放解压缩演示文稿的位置,可以选择系统中的任意一个硬盘区。

(4) 单击"确定"按钮。如果用户指定的文件夹中存在同名的文档,那么解开压缩后的演示文稿将会覆盖原来的同名文档。

(5) 系统完成解压缩后,弹出询问对话框。

(6) 单击"是"按钮,系统开始播放演示文稿。

存放在计算机中已展开的演示文稿,随时都能用 PowerPoint 播放器(Ppview32.exe)播放。

5. 把 PPT 课件转换为 Flash 动画

为了避免因为电脑上未安装 PowerPoint 而无法播放 PPT 课件的情况,往往将制作好的 PPT 课件进行打包。但是,打包后的课件体积一般较大,而且还需要解包,比较麻烦。PowerPoint to Flash 软件可以帮助用户把 PPT 课件转换为 Flash 动画,这样不仅可以大大缩小课件的体积,而且使课件的播放也变得更加容易。

PowerPoint to Flash 软件界面如图 4-82 所示,首先单击 Add 按钮,选择需要被转换的 PPT 课件,被选中的 PPT 课件会出现在右侧的 List of Files 列表中;单击 Remove 按钮就能将其移出列表。

6. 移植个性化设置

想过把在某一台电脑中创建的个性化设置,包括个性化菜单、宏命令等移植到别的机器上去吗? 比如说可以将家中的 Office 个性化设置移到单位的电脑中去,在重装系统后不再需要重建个性化设置等,只需用简单的导入即可实现。操作步骤如下。

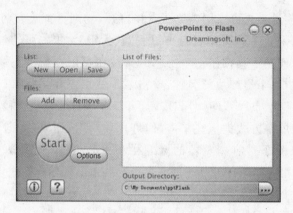

图 4-82　PPT 课件转换为 Flash 动画

（1）选择"开始"→"程序"→"Microsoft Office 工具"命令，打开"用户设置保存向导"对话框，如图 4-83 所示。

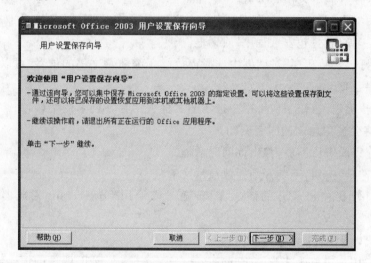

图 4-83　用户设置保存向导

（2）单击"下一步"按钮就能搜索已有的 Office 个性化设置，如图 4-84 所示。

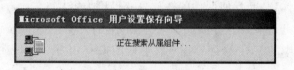

图 4-84　用户设置保存向导

（3）在图 4-85 所示对话框中选中"保存本机的设置"单选按钮。

（4）单击"下一步"按钮后，设置程序会在指定的路径下生成一个"新建设置文件.OPS"的文件，如图 4-86 所示。

（5）单击"完成"按钮后将此文件复制到目标计算机中，再重复以上操作，在图 4-85

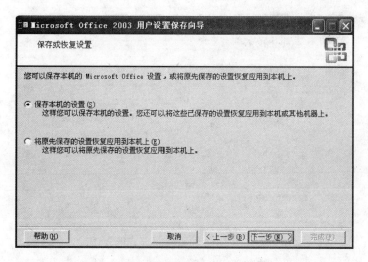

图 4-85　保存本机的设置

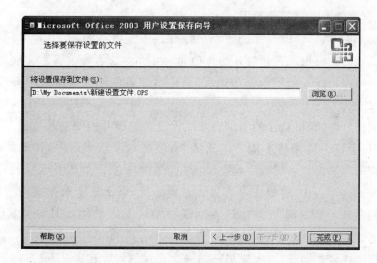

图 4-86　新建设置文件. OPS

所示对话框中选中"将原先保存的设置恢复应用到本机上"单选按钮,出现如图 4-87 所示对话框。

（6）单击"浏览"按钮找到刚才复制过来的文件"新建设置文件. OPS"即可完成个性化设置的移植工作。

7. 利用 PowerPoint 召开网络会议

PowerPoint 提供了强大的网络功能,能够帮助用户轻轻松松地召开网络会议。这就需要用到 Microsoft NetMeeting。这个程序和 Microsoft Office 的紧密结合为用户开联机会议提供了相当大的便利。只要在 PowerPoint 中选择"工具"→"联机协作"→"现在开会"命令,在出现的窗口中输入用户的姓、名、电子邮件、位置和服务器名称,NetMeeting 就会在后台自动启动,如果要找的人都在线上,并且对提议感兴趣,同意参

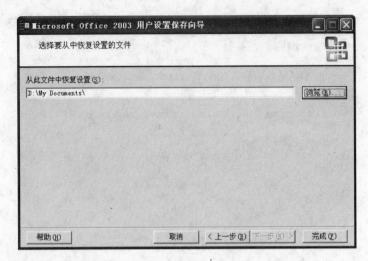

图 4-87　设置恢复应用到本机上

加,那么联机会议就可以立即开始了。

联机会议开始时,尽管所有参加者都可以在屏幕上看到演示文稿,但只有会议主持人才是演示文稿的唯一控制人。打开协作功能可允许参加者修改演示文稿,但也可以在任意时刻关闭协作功能。关闭协作功能后,其他参加者就不能继续进行修改,但他们可以观察到会议主持人的工作。

协作功能打开时,联机会议的参加者就可轮流地编辑和控制演示文稿。当其他人控制演示文稿时,会议主持人将不能使用光标(不仅是在演示文稿中,其他情况也不行)。控制演示文稿的参加者姓名的首字母会出现在鼠标指针旁。如果在会议过程中,主持人忽然想到遗漏了一个 VIP,进程还没有进入紧要阶段,那么这个时候可以邀请其他人加入正在进行的联机会议。不过被邀请参加联机会议的人必须在其计算机上已运行了NetMeeting,否则将不能收到联机会议邀请。

如果想把会议开得很成功,可以提前做一个会议通知。选择"工具"→"联机协作"→"安排会议"命令,Outlook 就会自动启动,弹出一个非常详尽的界面,只要按照实际情况更改几个数据,就可以很轻松地完成会议通知。

PowerPoint 中的很多功能帮助用户在网络会议中仍然能够自由地交流。例如"Web讨论"功能使得用户可以向演示文稿中插入评语。讨论是线程化的,也就是说,对讨论评语的答复将直接嵌套于讨论之下,就像 BBS 上的文字。可以同主题阅读,不用一篇篇翻看。另外,允许同时存在多个主题讨论。通过使用"讨论"工具栏,任何正在审阅演示文稿的用户都可以查看并答复任何讨论。用户可以在 PowerPoint 中审阅讨论,并根据收到的反馈信息合并对演示文稿所做的更改。

当用户开始讨论时,将出现讨论窗格,该窗格中包括了评语、问题以及讨论的主题。用户可以在讨论窗格中拖动滚动条来查阅整个主题,还可以查阅向讨论中插入评语的各个用户的名称和讨论的内容。

用户在审阅演示文稿时,也可以像平时审阅文字稿件一样,直接在幻灯片上插入批注。打开要添加批注的幻灯片,选择"插入"→"批注"命令。其他用户所添加的任何隐藏批注都会出现在黄色的批注方框内。这时也可以在框内输入自己的批注,然后在黄色批注方框外面单击。也可以按照自己的需要随意对文本和批注方框进行移动、调整大小以及重置格式等操作,与处理其他对象一样。此外,还可以传送演示文稿,让其他用户也能查看和添加批注。如果不希望幻灯片放映时显示批注,可以将批注隐藏。批注不会出现在大纲窗格或者母版视图中。

PowerPoint 通过网络进行演示的一个很强大的功能就是"广播"。使用广播可以在Web 上广播演示文稿(包括视频和音频)。如果观众人数较多或观众位于远程位置,此时广播将特别有用。通过使用 Outlook 或其他电子邮件程序,用户可以像安排其他会议一样安排广播。演示文稿的保存格式为 Html,因此观众要查看演示文稿的唯一需要就是浏览器。如果有些观众错过了广播或需要将广播存档,则可以录制广播并将其保存到Web 服务器上,以便可以在任何时候重新播放。进行广播操作的方法如下:

打开要广播的演示文稿,选择"幻灯片放映"→"联机广播"→"安排实况广播"命令,选择"建立与安排一次新广播",然后在选项卡上填写相关的信息。只需设置一次选项,以后所有的广播都将使用这些设置。

8. 用 Director 包装 PowerPoint 文档

PowerPoint 操作简单、易学易用、方便快捷,基于幻灯片的创作思想和内置功能丰富实用,成为初级用户创作多媒体的理想工具。然而它很难与 Authorware、Director 等大牌软件的杰作相媲美。但是如果用 Director 将其进行包装,PowerPoint 的作品就会身价倍增。

基本设计思想是:片头和主交互界面用 Director 制作;具体内容用 PowerPoint 制作。这样做工作量不大,难度较小,适合初级用户。

实现的效果是从外观上脱离了 PowerPoint 环境,播放时有独立的窗口,甚至不需要PowerPoint 软件支持;交互上借助 Director 的优势,功能大大增强,实现了仅靠PowerPoint 根本无法实现的交互功能,界面更加友好。

包装是整个操作中最重要的一个环节,主要有以下五个步骤。

(1) 规划文件组织结构

① 在硬盘上建立一个文件夹(如:"MyMultimedia"),用于存储创作多媒体时用到的所有文件。

② 在 MyMultimedia 文件夹中建一个子文件夹,名为 ppt,用于存放 PowerPoint文件。

③ 复制 Office 安装光盘的"Pfiles\MsOffice\Office"路径下的 Xlators 文件夹到MyMultimedia 文件夹中。Xlators 文件夹内含 PowerPoint 播放器 Ppview32.exe 及其附属文件(∗.dll),主要作用是实现 PowerPoint 演示文稿的脱离环境播放,即在没有安装PowerPoint 的机器上也能正常播放。

④ Director 文件(＊.dir)及其打包文件(＊.exe)可直接放在 MyMultimedia 文件夹下。

(2) PowerPoint 文件具体的制作

每个独立内容最好单独创建一个文件,如 1.ppt、2.ppt、3.ppt 等。

(3) 主交互界面的设计与制作

主交互界面通常由一张底图,配上按钮和一些点缀动画组成,通过单击不同按钮完成交互行为。界面设计用到的图像素材可在 Photoshop 里处理,并把背景和按钮分别放在独立的图层中,按钮应注意做成多状态的,然后每层保存为一个独立的 psd 文件。

(4) 引入素材

启动 Director,单击导入素材按钮,在弹出的对话框中选择主界面的背景和按钮图像文件,然后单击 Import 按钮,在 ImageOptions 对话框中单击 Image(32Bit)和 SameSettingforRemainningImages 选项,单击 OK 按钮完成引入。在 InternalCast 窗口选中背景和正常状态的按钮,然后拖至 Score 窗口,并在 Stage 窗口(即舞台)上调整好每个角色的位置。

(5) 编写脚本

① 按钮脚本。在 Score 窗口选中按钮角色,单击鼠标右键,从弹出的菜单中选择 Script 命令,打开脚本编写窗口,为角色编写脚本。如按钮 1 的脚本为:

```
Onmouseenterme
cursor(280)——鼠标变为"小手"
sprite(me.spritenum).member = member("1b")——鼠标进入
end
onmouseleaveme
cursor - 1
sprite(me.spritenum).member = member("1a")——鼠标离开
end
onmousedownme
sprite(me.spritenum).member = member("1c")——鼠标按下
end
onmouseupme
cursor - 1
sprite(me.spritenum).member = member("1a")——鼠标抬起
openthemoviepath&&"ppt\1.ppt"withthemoviepath&&"Xlators\Ppview32.exe"——播放幻灯片
end
```

其他按钮脚本与按钮 1 相似。"退出"按钮脚本只需在 onmouseup 句柄内加一句 quit 命令即可。

② 帧脚本。主界面通常保持停留以等待用户单击,因此需要一帧循环脚本。双击帧脚本格,在弹出的脚本编辑窗口中输入以下代码:

```
onexitFrameme
gototheframe
end
```

将文件命名(如：run. dir)并保存。

最后,在编辑环境中反复测试均正常后就可以打包了。选择 File→CreatProjector 命令,选择 run. dir 文件,单击 Options 按钮打开 Projector Options 对话框,进行必要设置(如图 4-88 所示),单击 OK 按钮,然后单击 Creat 按钮,将文件命名(如：run. exe),单击"保存"按钮,完成打包。

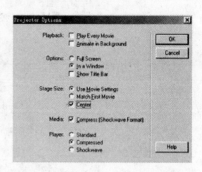

至此,大功告成。双击可执行文件,即出现漂亮的交互界面,单击主选单的按钮,则可转入 PowerPoint 演示,按 Esc 键又可退回 Director 制作的主交互界面。这种方法实现了 PowerPoint 与 Director 的无缝衔接,并充分发挥了两软件的优势。

图 4-88　Projector Options 对话框

9. 把演示文稿转化为流媒体

现在大多数会议和教学用的演示文稿都是用 PowerPoint 制作的,如果能够把这些演示文稿转化为流媒体并发布到网络,就可以使那些没能亲临会场的人也能通过网络观看会议演示了。采用流媒体方式传输,不会保存文件到浏览者硬盘,更有利于保护文稿作者的著作权。

把 PowerPoint 演示文稿转化为流媒体需要一个具有此转化功能的工具,由 Real 公司和 Intel 公司联合开发的 RealPresenter 软件就具有这一功能。RealPresenter 是 RealSystem 的一部分,它与 RealProducer 一样属于流媒体编码器,不同的是 RealPresenter 是专门针对 PowerPoint 演示文稿进行设计,它可以现场直播 PowerPoint 演示文稿,也可以把制作好的 PowerPoint 演示文稿转化成流媒体格式存储在硬盘上用来点播。RealPresenter 的后一种应用更为普遍,因为前一种应用通过另一软件 RealProducer 来完成更为方便,这里主要针对后一种应用的实现进行讨论。

RealPresenter 与 RealPlayer 一样有 BASIC 和 PLUS 这 2 个版本,在安装前请先确认是否已经安装了 PowerPoint97(或更高版本)和 RealPlayer,然后再安装 RealPresenter (注意:在安装过程中,系统会自动安装 RealServer 服务器核心组件)。

下面介绍把 PowerPoint 文档转化为流媒体格式的具体步骤(在 BASIC 版本的功能范围内)。

(1) 创建解说脚本

这一步是可选项,解说脚本就是在演示时要进行说明的东西,如果仅仅是把 PowerPoint 文档转化成流媒体格式,而不需要另外加入声音解说,可以忽略这一步。

(2) 用 RealPresenter 转化 PowerPoint 文档

① 启动 RealPresenter,系统弹出 RealPresenterPlus 对话框(如图 4-89 所示)。如果

是第一次启动 RealPresenter，系统还会检测电脑的录制设备（如摄像头和麦克风），测试计算机性能。

图 4-89 RealPresenterPlus 对话框

② 单击 Narrate a Microsoft PowerPoint Presentation 按钮，在弹出的对话框中选择需要转化的 PowerPoint 文档，选中后系统启动 PowerPoint 并弹出转换向导，单击"下一步"按钮。

③ 根据提示向导输入文档作者名、标题等相关信息，单击 Finish 按钮，开始转化 PowerPoint 文档操作。

（3）根据解说脚本录制演示

① 当步骤二完成后，系统会弹出一个"录制演示"控制面板（如图 4-90 所示）。

图 4-90 录制演示控制面板

单击 Start 按钮，根据解说脚本开始录制。请注意语速，并保证每张幻灯片的录制时间不少于 5 秒，不然有可能录制不完全。在一张幻灯片录制完成后，单击幻灯片窗口进入下一张幻灯片的录制过程。

② 录制演示完毕后，系统会自动保存，其默认保存目录为"C:\ProgramFiles\Real\RealServer\Content\RealPresenter\计算机名\演示的标题名\"。此目录下有很多相关文件，其中 SMIL 文件的默认名称为 trainer.smil，保存之后弹出如图 4-91 所示对话框。

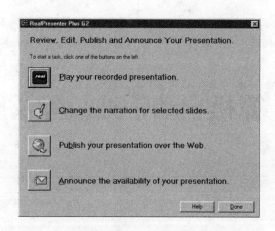

图 4-91 Realpresenter Plus 对话框

单击第一个按钮预览刚才录制的内容，如果达到要求，就可以发布到 Intranet 或 Internet 上了。

注意：在 RealPresenter 转化过程中，它会要求用户设定录音或录像，虽然用不着真正的录音或录像，但最后产生的文件中仍然会包含视频和音频文件，当然也有 PowerPoint 转化成的 Realpix 格式的流媒体格式图像，这些文件由一个 SMIL 文件组合在一起，所以如果用户熟悉 SMIL 语言，可以在制作完成后进行再次编辑，以去掉文件中不必要的元素。

计算机启动常见故障及解决方法

1. 开机后显示器上出现英文提示

(1) 语句：Press ESC to skip memory test

中文：正在进行内存检查，可按 Esc 键跳过。

解释：这是因为在 CMOS 内没有设定跳过存储器的第二、三、四次测试，开机就会执行四次内存测试。可以按 Esc 键结束内存检查，不过每次都要这样太麻烦了，可以进入COMS 设置后选择 BIOS FEATURES SETUP，将其中的 Quick Power On Self Test 设为Enabled，储存后重新启动即可。

(2) 语句：Keyboard error or no keyboard present

中文：键盘错误或者未接键盘。

解释：检查一下键盘的连线是否松动或者损坏。

(3) 语句：Hard disk install failure

中文：硬盘安装失败。

解释：这是因为硬盘的电源线或数据线可能未接好或者硬盘跳线设置不当。可以检查一下硬盘的各根连线是否插好，看看同一根数据线上的两个硬盘的跳线的设置是否一样，如果一样，只要将两个硬盘的跳线设置的不一样即可（一个设为 Master，另一个设为Slave）。

(4) 语句：Secondary slave hard fail

中文：检测从盘失败。

解释：可能是 CMOS 设置不当，比如说没有从盘但在 CMOS 里设为有从盘，那么就会出现错误，这时可以进入 COMS 设置选择 IDE HDD AUTO DETECTION 进行硬盘自动侦测；也可能是硬盘的电源线、数据线未接好或者硬盘跳线设置不当。

(5) 语句：Hard disk(s) diagnosis fail

中文：执行硬盘诊断时发生错误。

解释：出现这个问题一般就是硬盘本身出现故障。可以把硬盘放到另一台机子上试一试，如果问题还是没有解决，只能把硬盘送去维修或者更换硬盘。

（6）语句：Memory test fail

中文：内存检测失败。

解释：出现这种问题一般是因为内存条互相不兼容。可重新插拔一下内存条试试，若无效则更换内存条。

（7）语句：Press F1 to continue

原因一：主板电池没电。

解决：按下键盘上方的 F1 键即可。

原因二：键盘没有插入正确的接口或接触不良。

解决：将键盘拔下重新插在正确的接口上。

原因三：键盘接口内的针脚扭曲造成连接错误。

解决：拔下键盘插头，检查里面的针脚是否弯曲，把弯曲的针脚复位后插回。

2. 开机时发出报警音

（1）短促"嘀"的一声

一般情况下，这是系统自检通过，系统正常启动的提示音。注意：有的主板自检通过时什么声音也没有；也有的主板自检的时间可能较长，会等五六秒钟后才会听到"嘀"的一声。

（2）"嘀嘀……"连续的短音

一般情况下常见于主机的电源有问题。不过有时候电源输出电压偏低时，主机并不报警，但是会出现硬盘丢失，光驱的读盘性能差，经常死机的情况。当出现这些情况时，最好检查一下各路电压的输出是否偏低。造成输出电压偏低的原因是输出部分的滤波电容失容或漏液造成的，直流成分降低时，电源中的高频交流成分加大，会干扰主板的正常工作，造成系统不稳定，容易出现死机或蓝屏现象。

不过如果这种情况在 INTEL 和技嘉的某类主板上时，系统出现"嘀嘀……"连续短鸣声，并不是电源故障，而是内存故障报警，这一点需要注意。

（3）"呜啦呜啦"的救护车声，伴随着开机长响不停

这种情况是 CPU 过热的系统报警声。大多是在为主机内部除尘、打扫 CPU 散热器或者是更换了新的 CPU 风扇后，因为安装不到位，CPU 散热器与 CPU 接触不牢，有一定的空间或其间加有杂物，导致 CPU 发出的热量无法正常散出，一开机 CPU 就高达 80℃～90℃（CPU 温度在 50℃左右为正常）。

（4）"嘀……，嘀嘀"一长两短的连续鸣叫

这是显卡报警，一般是显卡松动，显卡损坏，或者主板的显卡供电部分有故障。

（5）"嘟嘟"两声长音后没有动静，过一会儿会听到"咯吱咯吱"的读软驱的声音

如果有图像显示会提示系统将从软驱启动，正在读取软盘。如果软驱中没有软盘，系统会提示没有系统无法启动，系统挂起。

Internet应用十大技巧

B.1　搜索引擎使用技巧

1. 特殊搜索

搜索所有链接到某个 URL 地址的网页。如搜索：

Link：icgr. caas. net. cn

查找与某个页面结构内容相似的页面。如搜索：

related：icgr. caas. net. cn/default. html

查找与某链接相关的一些信息。如搜索：

Info：icgr. caas. net. cn

2. 搜索技巧

关键词的选择在搜索中起到决定性的作用,所有搜索技巧中,关键词选择是最基本也是最有效的。

例 B-1　查找小麦的基本情况。

分析：如果只用"小麦"做关键词,搜索结果将浩如烟海,没什么价值,因此必须要加更多的关键词,约束搜索结果。选择什么关键词好呢？可以猜到的是,类似的资料,应该包含诸如"小麦属"、"起源"、"原产"、"分布"等词汇。

搜索：小麦属 起源 分布

例 B-2　找人。

分析：一个人在网上揭示的资料通常有姓名,性别,年龄,毕业学校,工作单位,电话,信箱,手机号码等。所以,如果要了解一下多年没见过的同学,那不妨用上述信息做关键字进行查询,也许会有大的收获。

例 B-3　找软件。

分析一：最简单的搜索当然就是直接以软件名称以及版本号为关键字查询。但是,仅仅有软件名称和目标网站,显然还不行,因为搜索到的可能是软件的相关新闻。应该再增加一个关键字。考虑到下载页面上常有"单击此处下载"或者 download 的提示语,因此,可以增加"下载"或者 download 为关键字。

搜索:winzip 8.0 下载

分析二:很多网站设有专门的下载目录,而且命名就为 download,因此,可以用 INURL 语法直接搜索这些下载目录。

搜索:winzip 8.0 inurl:download

共享软件下载完之后,在使用的时,软件总跳出警示框,或者软件的功能受到一定限制,所以应该再找一个注册码。找注册码,除了软件的名称和版本号外,还需要有诸如 serial number、sn、"序列号"等关键字。现在,来搜索一下 winzip8.0 的注册码。

搜索:winzip 8.0 sn

例 B-4 找图片。

除了 Google 提供的专门图片搜索功能,还可以结合一些搜索语法,达到图片搜索的目的。

分析一:专门的图片集合,提供图片的网站通常会把图片放在某个专门目录下,如 photo、image 等。这样就可以使用 INURL 语法迅速找到这类目录。现在,试着找找水稻的照片集。

搜索:rice inurl:photo

分析二:提供图片集合的网页,在标题栏内通常会注明是谁谁的图片集合。于是就可以用 INTITLE 语法找到这类网页。

搜索:intitle:rice picture

例 B-5 找 MP3。

分析一:提供 MP3 的网站,通常会建立一个叫做 MP3 的目录,目录底下分门别类地存放各种 MP3 乐曲。所以,可以用 INURL 语法迅速找到这类目录。现在用这个办法找找老歌 say you say me。

搜索:say you say me inurl:mp3

分析二:也可以通过网页标题,找到这类提供 MP3 的网页。

搜索:"say you say me" intitle:mp3

B.2 快速下载 Flash 动画的几种方法

近几年来,Flash 在网络上风光无限。矢量格式的动画,在网络带宽普遍不"宽"的今天,为多媒体应用提供了优秀的平台。随着它的流行,大量动画作品出现在网络上,其中不乏精品。因为不能使用右键下载,怎样把这些好 Flash 动画下载到硬盘上就成了问题,下面介绍几种有效的解决方法。

1. 四两拨千斤

当网页为 Flash 动画提供下载链接的时候直接右键另存为下载即可,省去了查找下

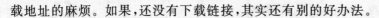

载地址的麻烦。如果,还没有下载链接,其实还有别的好办法。

(1) 查看源文件

在 IE 中,选择"查看"→"源文件"命令,当前网页的代码会被记事本打开。在记事本中,按 Ctrl＋F 组合键,弹出查找对话框,在"查找内容"文本框输入 swf,单击"查找下一个"按钮,就可以找到 Flash 文件的链接(例如:http://download.macromedia.com/pub/shockwave/cabs/flash/a.swf)。再用网际快车下载即可。

(2) 站点资源探测器

网际快车提供了一个探测站点资源的工具,可以像操作本地的资源管理器一样查看并下载网站的文件。打开网际快车,选择"工具"下的"站点资源探测器"命令或直接按快捷键 F7,启动程序。在"地址"栏中填入要搜索的网址,按"回车"键。

选择"编辑"→"过滤"命令,选中"只显示以下类型"单选按钮,在下面的"文件类别"中输入.swf,单击"确定"按钮完成。

这样做的目的是只显示需要查找的文件类型。在列出的 Flash 文件上右击,单击"下载"就会自动调用网际快车的下载工具下载。

网际快车主页:www.amazesoft.com

2. 因地制宜

如果网站进行了加密处理,上述方法就不起作用了。就需要用到下面的方法。

使用 IE 上网,浏览过的网页会被放在 IE 临时文件夹里面,所以可以在那里找到 Flash 文件。

IE 临时文件夹默认位置是在系统盘中,有经验的朋友早已把它移出了系统盘,现在看看怎样查找它的所在位置。

通过 IE 菜单栏中"工具"下的"Internet 选项"打开"Internet 选项"对话框,单击"Internet 临时文件"下的"设置"按钮,弹出"设置"对话框,单击"查看文件"按钮,打开 IE 临时文件夹。

在空白处右击,选择"查看"→"详细信息"命令,单击"类型"列中的"类型"按钮。找到后缀名为 SWF 的文件。

IE 临时文件夹属于系统文件夹,直接在里面搜索文件不能显示出文件大小,给用户带来了许多麻烦。复制 IE 临时文件夹可以避开这一点。在上一步中,进入 IE 临时文件夹后,单击工具栏上的"向上"按钮,再复制该文件夹。然后在备份的文件夹中按 Ctrl＋F 组合键进行查找,选择"所有文件和文件夹",在下一步中填入文件名:" * .swf",再单击查找。查找完后,单击工具栏中的大小按钮,让文件从大到小排列,一般要找的动画应该是比较大的文件。

3. 边看边存

如果用户的计算机中安装了"迅雷"、"网际快车"等下载软件,当鼠标移动到 Flash 动画上时,会出现按钮 ,单击此按钮,即可下载。

B.3 加快浏览速度

1. 快速显示网页

(1)选择"工具"→"Internet 选项"命令,打开"Internet 选项"对话框。

(2)选择"高级"选项卡。

(3)在"多媒体"区域,清除"显示图片"、"播放动画"、"播放视频"和"播放声音"等全部或部分多媒体选项复选框的选中标志。这样,在下载和显示主页时,只显示文本内容,而不下载数据量很大的图像、声音、视频等文件,加快了显示速度。

2. 快速显示以前浏览过的网页

(1)选择"工具"→"Internet 选项"命令,打开"Internet 选项"对话框。

(2)在"常规"选项卡的"Internet 临时文件"区域中,单击"设置"按钮,打开"设置"对话框。

(3)将"使用的磁盘空间"选项区中的滑块向右移,适当增大保存临时文件的空间。这样,当访问一些刚刚访问过的网页时,如果临时文件夹中保存有这些内容,就不必再次从网络上下载,而是直接显示临时文件夹中保存的内容。

B.4 破解网页文章无法复制的方法

在互联网上搜寻到感兴趣的资料后,想把相关主页的内容复制下来,但有些网站的主页复制不了只能打印主页,而打印的主页有页眉、页脚,内容和格式编排也不合乎个人的需要。不能复制的网页内容,大部分都是通过网页的客户端脚本控制实现的。

1. 屏蔽右键的破解方法

(1)出现版权信息类的情况。

破解方法:在页面目标上按下鼠标右键,弹出限制窗口,这时不要松开右键,将鼠标指针移到窗口的"确定"按钮上,同时按下左键。现在松开鼠标左键,限制窗口被关闭了,再将鼠标移到目标上松开鼠标右键。

(2)出现"添加到收藏夹"的情况。

破解方法:在目标上点鼠标右键,出现添加到收藏夹的窗口,这时不要松开右键,也不要移动鼠标,而是使用键盘的 Tab 键,移动光标到取消按钮上,按下空格键,这时窗口就消失了,松开右键看看,就会发现右键恢复了! 再将鼠标移动到想要的功能上,单击左键吧。

(3)超链接无法用鼠标右键弹出"在新窗口中打开"菜单的情况。

破解方法:在超链接上右击,弹出窗口,这时不要松开右键,按键盘上的空格键,窗口消失了,这时松开右键,右键菜单就会出现了,选择其中的"在新窗口中打开"就可以了。

（4）在浏览器中选择"查看"→"源文件"命令，这样就可以看到 html 源代码了。不过如果网页使用了框架，就只能看到框架页面的代码，此方法就不灵了，怎么办呢？可以按键盘上的 Shift+F10 组合键试试。

（5）看见键盘右 Ctrl 键左边的那个键了吗？按一下试试，右键菜单直接出现了！

（6）在屏蔽鼠标右键的页面中右击，出现限制窗口，此时不要松开右键，用左手按键盘上的 Alt+F4 组合键，这时窗口就被关闭了，松开鼠标右键，菜单出现了！

2. 不能复制网页的解决方法

（1）启动 IE 浏览器后，选择"工具"中的"Internet 选项"命令，选择"安全"选项卡，接下来单击"自定义级别"按钮，在弹出的窗口中将所有脚本全部选择禁用。然后按 F5 键刷新页面，这时就能够对网页的内容进行复制、粘贴等操作。当收集到自己需要的内容后，再用相同步骤给网页脚本解禁，这样就不会影响到用户浏览其他网页了。或者选文件另存，格式为 .txt，然后排版也可以。

（2）左键限制，不让拖动，无法选择内容。右击，选择查看源文件选项，将之前的内容全部删除，另存为 *.htm 类型的文件，打开，可以拖动了。

（3）如果只为了保存文字以备以后查阅，最简单快速的方法是另存为"Web 页，仅 HTML"类型。选择"文件"→"另存为"命令，然后单击"保存类型"方框右边的下三角按钮，选择第三种"Web 页，仅 HTML"类型，在"保存在"方框处选择要存放的位置，然后单击"保存"按钮即将该网页保存到计算机里（不过这种保存的缺点是只保存文字，没有图片）。

注意：保存后的网页只是便于收藏和查看，网页内容还是不能复制，如果要复制文字内容，还是要提高浏览器的安全级别后才能复制。

（4）把该事件的 JavaScript 处理代码去掉即可。以微软的 IE 浏览器为例，具体处理过程如下：选择"查看"→"源文件"命令（当主页文本小于 64KB 时，自动调用记事本程序打开；否则，用写字板程序打开），寻找语句，将其中的子句删除。将此删除后的源文件另存为一个文本文件。然后将此文本文件名的后缀改名为".htm"。最后用 IE 浏览器打开此文件。就可以用复制、粘贴的方法将所需的内容按用户所需的格式保存起来了。

（5）选择"文件"→"另存为"命令，把"保存类型"改为"文本文件（*.txt）"，把网页另存为文本文件就可以了。

（6）对网页禁止复制和屏蔽右键的通用破解方法：小工具——超星图书浏览器！安装上软件后在需要复制的页面上右击，会出现"导出当前页到超星图书浏览器"，然后会通过这个工具打开页面。

B.5 网络相册

1. 进入：http://photo.163.com 网站，注册网络相册

2. 下载：将相册变成超大网络硬盘（压缩伪装专家）软件

下载地址：http://www.jz5u.com/Codelist/Catalog162/1976.html(含使用方法)

说明：可以把任何用户想上传的东西压缩以后通过这个软件与某张小图片相结合，伪装成那张图片，然后上传到相册里。从网上看是一张图片，但实际上下载以后用 rar 打开就是用户上传的东西了。现在相册都那么大，像 163 那种的，相当于有了 1GB 的免费网络硬盘。

B.6 网络硬盘

1. 概念
网络硬盘是指"通过网络连接管理使用的远程硬盘空间"，可用于传输、存储和备份计算机的数据文件，方便用户管理使用。

注册地址：

(1) http://163disk.com/

(2) http://www.800disk.com/

(3) http://g.zhubajie.com/

2. 网易网络硬盘
(1) 进入 http://163disk.com/网站。

(2) 单击"注册"按钮，输入有关信息，带 *** 的为必填项。

(3) 单击"现在注册"，显示注册成功，单击"确定"按钮。

(4) 进入网络磁盘，可以上传、下载文件等。

B.7 文件传输 FTP

1. 免费注册地址：http://usa.5944.net/或 http://cn.5944.net/

2. FTP 基本概念
FTP 是 File Transfer Protocol 的缩写，即文件传输协议。FTP 是互联网上的另一项主要服务，该项服务的名字是由该服务使用的协议引申而来的，各类文件存放于 FTP 服务器，可以通过 FTP 客户程序连接 FTP 服务器，然后利用 FTP 协议进行文件的"下载"或"上传"。

在因特网中，并不是所有的 FTP 服务器都可以随意访问以及获取资源。FTP 主机通过 TCP/IP 协议以及主机上的操作系统可以对不同的用户给予不同的文件操作权限（如只读、读写、完全）。有些 FTP 主机要求用户给出合法的注册账号和口令，才能访问主机。而那些提供匿名登录的 FTP 服务器一般只需用户输入账号：anonymous，密码：用户的电子邮件，就可以访问 FTP 主机。

3. 申请免费主页
先登录到提供免费资源服务的网站，然后申请一个免费的主页空间。获取一个免费主页账号为 boyo,密码为 12345。

提供免费主页空间并支持 FTP 服务的一些站点有以下几个。

网易空间：http://www.netease.net/

广州飞捷：http://fjwww.guangzhou.gd.cn/

中国中小学教育网：http://www.k12.com.cn/

说明：站点是否开通 FTP 空间,根据当前情况确定,最好用搜索引擎搜索一下,获得免费的 FTP 空间(主页空间)。

一般情况下,站点系统管理员会通过电子邮件通知用户主页空间已开通,可以往服务器上传文件了。

4. 建立 FTP 服务应用

(1) 在服务器端开设 FTP 服务

如果是在 Windows 服务器上,可以通过在"计算机管理"→"服务与应用程序"→"Internet 信息服务"中开启 FTP 服务来实现。在这里介绍一种使用广泛的 FTP 服务器软件 Serv-U。安装 Serv-U 后,启动服务,可以按照下面所举例子的步骤来进行服务器设置。

① IP address(IP 地址)：例如,输入"202.114.45.5"。

② Domain name(域名)：输入"我的下载服务"。

③ Install as SYSTEM server(安装成一个系统服务器吗)：选择 Yes。

④ Allow anonymous access(接受匿名登录吗)：如果选择 Yes,则允许匿名登录。

⑤ Anonymous home directory(匿名主目录)：此处可输入(或选择)一个供匿名用户登录的主目录。

⑥ Lock anonymous users in to their home directory(将用户锁定在刚才选定的主目录中吗)：是否将上步的主目录设为用户的根目录,一般选择 Yes。

⑦ Create named account(建立其他账号吗)：此处询问是否建立普通登录用户账号,一般选择 Yes。

⑧ Account login name(用户登录名)：普通用户账号名,比如输入 ruc。

⑨ Password(密码)：设定用户密码。由于此处是用明文(而不是 *)显示所输入的密码,因此只输一次。

⑩ Home directory(主目录)：输入(或选择)此用户的主目录。

Lock anonymous users in to their home directory(将用户锁定在主目录中吗)：选择 Yes。

⑪ Account admin privilege(账号管理特权)：一般使用它的默认值 No privilege(普通账号)。

⑫ 最后单击 Finish(结束)按钮完成设置。

(2) 在客户端访问使用 FTP 服务

使用搜索引擎查找有 FTP 搜索引擎的网站,例如：http://grid.ustc.edu.cn/就是 FTP 搜索引擎。用浏览器或者其他 FTP 客户端软件(如 CuteFTP、LeechFTP 等)登录

FTP 服务器,先输入 FTP 地址,如上述的"ftp://202.114.45.5",选择文件,下载。以下载文件为例,当启动 FTP 从远程计算机复制文件时,事实上启动了两个程序:一个是本地机上的 FTP 客户程序,它向 FTP 服务器提出复制文件的请求;另一个是启动在远程计算机上的 FTP 服务器程序,它响应用户的请求并把指定的文件传送到用户的计算机中。FTP 采用客户机/服务器方式,客户端要在自己的本地计算机上安装 FTP 客户程序。FTP 客户程序有字符界面和图形界面两种。字符界面的 FTP 的命令复杂、繁多。图形界面的 FTP 客户程序操作上要简捷方便得多。常见的 FTP 客户程序有命令行程序 FTP、图形化客户程序 CuteFTP 或浏览器等。

(3) 文件下载

文件下载(Download)是从网上获得软件资源的重要手段,文件下载的方式主要有两种:Web 服务器下载和 FTP 服务器下载。

① Web 服务器下载

Web 方式是目前文件下载的主要方式之一,Web 站点采用网页形式的界面,使软件的查找更为方便快捷。Web 方式分为分类和搜索两种方式,实现方法同搜索引擎。

② FTP 服务器下载

在 WWW 出现之前,Internet 上传输文件的主要方式是 FTP。FTP 方式的下载必须要先与 FTP 服务器建立连接,连接后即可看到远程主机的文件目录。FTP 的特点是在查看远程计算机的文件目录时,这些文件按原有的格式显示在计算机屏幕上。如果远程计算机使用的是 Linux 操作系统,看到的文件目录就以 Linux 的格式显示出来。相对而言,FTP 方式速度要快一点。

B.8 使用 google 制作文字汉语拼音

(1) 用 IE 进入 google 网页。

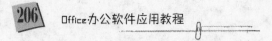
（2）选择"语言"，中文到中文的翻译。

翻译下列文字

> 计算机文化基础

中文 ▼ 》 中文(简体) ▼ 翻译

（3）选择"翻译"，"显示汉语拼音"。

> 计算机文化基础

源语言：　中文 ▼
目标语言：中文(简体) ▼　⊃

将中文(繁体)译成中文 ⊟ 隐藏拼音

计算机文化基础

jì suàn jī wén huà jī chǔ

（4）可以复制汉语及汉语拼音到 Word 或 PPT 中使用。

B.9　使用 google 翻译文档（可以实现大量翻译）

（1）选择"翻译"。

> 高级
> 语言

Google 搜索 　手气不错

在线翻译外文段落、网页、搜索结果

● 视频　　● 图片　　● 购物　　● 地图　　● 音乐　　翻译　　● 265导航

（2）选择"上传文档"或直接输入部分要翻译的文字。

请输入文字或网页网址，或者<u>上传文档</u>。

源语言：　中文

目标语言：英语

（3）上传要翻译的文档。

输入文字或网页网址，或者上传文档。

浏览...

源语言：　中文

目标语言：英语

翻译

（4）单击"浏览"按钮，选择要翻译的文档，再单击"翻译"按钮。

University enrollment for the employment of university students increased employment pressure, based on current college students for their own career planning is not clear, a lack of understanding of corporate culture, while the companies are professional talents for the needs of a headache, university students how to plan for their accomplish its goal of the current state of uncertainty about system analysis and crack, and we exchange students for the business and the establishment of an interactive platform.

中文原文：　Google

大学的扩招为大学生的就业增加了就业压力，基于现在大学生对自己的职业生涯规划不明确，对企业的文化缺少了解，而企业也在为专业性的人才需求而头疼，大学生对自己怎样去计划完成自己的目标感到迷茫的现状进行系统分析和破解，为此，我们为企业与大学生的交流建立一个互动平台。

B.10　IE 无法解析域名

若 IE 无法通过域名上网，只能通过 IP 地址上网，可能是因为计算机中了病毒或加载了 DNS 端口屏蔽补丁。可以正常 ping 通外网 IP，使用 nslookup，查询域名结果却一切正常，但 IE 无法打开网页，也无法 ping 通域名。

1. 初步诊断为 DNS 设置有误使得域名解析出错，无法打开网页

解决：通过"控制面板"→"网络连接"→"本地连接"→"属性"→"Internet 协议(TCP/IP)"→"使用下面的 DNS 服务器地址"，设置可用的 DNS 服务器。

结果：无效。设置可用的 DNS 后问题依旧。

2. 认为 hosts 文件被修改，导致域名解析失效

解决：使用记事本打开 C:\windows\system32\drivers\etc\hosts，查看其中内容。

结果：无效。文件内容正常。

怀疑 winsock 出问题，使用 fixwinsock 进行修复，结果依旧。网上有人提出是安全更新（KB951748）导致的问题，于是提出以下解决方法：

控制面板→添加删除程序→选中"显示更新"→找到安全更新（KB951748）→删除→重启，于是问题解决，一切正常了。

该补丁是把 DNS 请求的本地端口由 1024-5000 变为和 Vista 一样了，即 49152-65535。因此在一些防火墙软件设置比较严格的情况下，会导致域名无法正常解析，解决办法就是卸载掉这个补丁，或者把防火墙的相应端口打开，就可以了。

相关课程教材推荐

以上教材样书可以免费赠送给授课教师,如果需要,请发电子邮件与我们联系。

教学资源支持

敬爱的教师:

感谢您一直以来对清华版计算机教材的支持和爱护。为了配合本课程的教学需要,本教材配有配套的电子教案(素材),有需求的教师可以与我们联系,我们将向使用本教材进行教学的教师免费赠送电子教案(素材),希望有助于教学活动的开展。

相关信息请拨打电话 010-62776969 或发送电子邮件至 fuhy@ tup. tsinghua. edu. cn 咨询,也可以到清华大学出版社主页(http://www. tup. com. cn 或 http://www. tup. tsinghua. edu. cn)上查询和下载。

如果您在使用本教材的过程中遇到了什么问题,或者有相关教材出版计划,也请您发邮件或来信告诉我们,以便我们更好为您服务。

地址:北京市海淀区双清路学研大厦 A 座 708 室　　计算机与信息分社付弘宇　收
邮编:100084　　　　　　　　电子邮件:fuhy@tup. tsinghua. edu. cn
电话:010-62770175-4517　　　　邮购电话:010-62786544